畜禽健康高效养殖环境手册

丛书主编：张宏福　林　海

肉牛健康高效养殖

环 境 手 册

颜培实　江中良　陈昭辉　宋宇轩◎主编

中国农业出版社

北 京

丛书编委会

主任委员： 杨振海（农业农村部畜牧兽医局）

李德发（中国农业大学）

印遇龙（中国科学院亚热带农业生态研究所）

姚　斌（中国农业科学院北京畜牧兽医研究所）

王宗礼（全国畜牧总站）

马　莹（中国农业科学院北京畜牧兽医研究所）

主　编： 张宏福（中国农业科学院北京畜牧兽医研究所）

林　海（山东农业大学）

编　委： 张宏福（中国农业科学院北京畜牧兽医研究所）

林　海（山东农业大学）

张敏红（中国农业科学院北京畜牧兽医研究所）

陈　亮（中国农业科学院北京畜牧兽医研究所）

赵　辛（加拿大麦吉尔大学）

张恩平（西北农林科技大学）

王军军（中国农业大学）

颜培实（南京农业大学）

施振旦（江苏省农业科学院畜牧兽医研究所）

谢　明（中国农业科学院北京畜牧兽医研究所）

杨承剑（广西壮族自治区水牛研究所）

黄运茂（仲恺农业工程学院）

臧建军（中国农业大学）

孙小琴（西北农林科技大学）

顾宪红（中国农业科学院北京畜牧兽医研究所）

江中良（西北农林科技大学）

赵茹茜（南京农业大学）

张永亮（华南农业大学）

吴　信（中国科学院亚热带农业生态研究所）

郭振东（军事科学院军事医学研究院军事兽医研究所）

本书编写人员

主　　编：颜培实（南京农业大学）
　　　　　江中良（西北农林科技大学）
　　　　　陈昭辉（中国农业大学）
　　　　　宋宇轩（西北农林科技大学）
参　　编：赵春平（西北农林科技大学）
　　　　　王洪宝（西北农林科技大学）
　　　　　王立强（西北农林科技大学）
　　　　　安小鹏（西北农林科技大学）
　　　　　张　磊（西北农林科技大学）
　　　　　刘　明（西北农林科技大学）
　　　　　贺腾飞（中国农业大学）
　　　　　张校军（中国农业大学）
　　　　　龙沈飞（中国农业大学）

序一

　　畜牧业是关系国计民生的农业支柱产业，2020 年我国畜牧业产值达 4.02 万亿元，畜牧业产业链从业人员达 2 亿人。但我国现代畜牧业发展历程短，人畜争粮矛盾突出，基础投入不足，面临"养殖效益低下、疫病问题突出、环境污染严重、设施设备落后"4 大亟需解决的产业重大问题。畜牧业现代化是农业现代化的重要标志，也是满足人民美好生活不断增长的对动物性食品质和量需求的必由之路，更是实现乡村振兴的重大使命。

　　为此，"十三五"国家重点研发计划组织实施了"畜禽重大疫病防控与高效安全养殖综合技术研发"重点专项（以下简称"专项"），以畜禽养殖业"安全、环保、高效"为目标，面向"全封闭、自动化、智能化、信息化"发展方向，聚焦畜禽重大疫病防控、养殖废弃物无害化处理与资源化利用、养殖设施设备研发 3 大领域，贯通基础研究、共性关键技术研究、集成示范科技创新全链条、一体化设计布局项目，研究突破一批重大基础理论，攻克一批关键核心技术，示范、推广一批养殖提质增效新技术、新方法、新模式，推进我国畜禽养殖产业转型升级与高质量发展。

1

养殖环境是畜禽健康高效生长、生产最直接的要素，也是"全封闭、自动化、智能化、信息化"集约生产的基础条件，但却是长期以来我国畜牧业科学研究与技术发展中未予充分重视的短板。为此，"专项"于2016年首批启动的5个基础前沿类项目中安排了"养殖环境对畜禽健康的影响机制研究"项目。旨在研究揭示畜禽舍温热、有害气体、光照、群体密度、空气颗粒物气溶胶5类主要环境因子及其对畜禽生长、发育、繁殖、泌乳、健康影响的生物学机制，提出10种主要畜禽高密度养殖环境参数及其多元化控制模型，为我国不同气候生态区安全、高效养殖畜禽舍建设、环境控制提供依据，支撑"全封闭、自动化、智能化、信息化"养殖方式发展重大需求。

以张宏福研究员为首席科学家，由36个单位、94名骨干专家组成的项目团队，历时5年"三严三实"攻坚克难，取得了一批基础理论研究成果，发表了多篇有重要影响力的高水平论文，出版的《畜禽环境生物学》专著填补了国内外在该领域的空白，出版的"畜禽健康高效养殖环境手册"丛书是本专项基础前沿理论研究面向解决产业重大问题、支撑产业技术创新的重要成果。该丛书包括：猪、奶牛、肉牛、水牛、肉羊（绵羊、山羊）、蛋鸡、肉鸡、肉鸭、蛋鸭、鹅共11种畜禽的10个分册。各分册针对具体畜种阐述了现代化养殖模式下主要环境因子及其特点，提出了各环境因子的控制要求和标准；同时，图文并茂、视频配套地提供了先进的典型生产案例，以增强图书的可读性和实用性，可直接用于指导"全封闭、自动化、智能化、信息化"养殖场舍建设和环境控制，是畜牧业转型升级、高质量发展所急需的工具书，填补了国内外在畜禽健康养殖领域环境控制图书方面的空白。

"十三五"国家重点研发计划"养殖环境对畜禽健康的影响机制研究"项目聚焦"四个面向"，凝聚一批科研骨干，带动畜禽环境科学研究，是专项重要的亮点成果。但养殖场舍环境因子的形成和演变非常复杂，养殖舍环境因子对畜禽生产、健康乃至疫病防控的影响至关重要，多因子耦合优化调控还需要解决一系列技术经济工程难题，环境科学也需要"理论—实践—理论"的不断演进、螺旋式上升发展。因此，希望国家相关科技计划能进一步关注、支持该领域的持续研究，也希望项目团队能锲而不舍，抓住畜禽健康养殖和重大疫病防控"环境"这个"牛鼻子"继续攻坚，为我国畜牧业的高质量发展做出更大贡献。

陈焕春

2021 年 8 月

序二

　　畜牧业是关系国计民生的重要产业，其产值比重反映了一个国家农业现代化的水平。改革开放以来，我国肉蛋奶产量快速增长，畜牧业从农村副业迅速成长为农业主导产业。2020年我国肉类总产量7 639万t，居世界第一；牛奶总产量3 440万t，居世界第三；禽蛋产量3 468万t，是第二位美国的5倍多。但我国现代畜牧业发展时间短、科技储备和投入不足，与发达国家相比，面临养殖设施和工艺水平落后、生产效率低、疫病发生率高、兽药疫苗用量较多等影响提质增效的重大问题。

　　养殖环境是畜禽生命活动最直接的要素，是畜禽健康高效生产的前置条件，也是我国畜牧业高质量发展的短板。2020年9月国务院印发的《关于促进畜牧业高质量发展的意见》中要求，加快构建现代养殖体系，制定主要畜禽品种规模化养殖设施装备配套技术规范，推进养殖工艺与设施装备的集成配套。

　　养殖环境是指存在于畜禽周围的可以直接或间接影响畜禽的自然与社会因素的集合，包括温热、有害气体、光、噪

1

声、微生物等物理、化学、生物、群体社会诸多因子，以及复杂的动态变化和各因子间互作。同时，养殖业高质量发展对环境的要求也越来越高。因此，畜禽健康高效养殖环境诸因子的优化耦合控制不仅是重大的生产实践难题，也是深邃的科学研究难题，需要实践—理论—实践的螺旋式发展，不断积累丰富、不断提升完善。

"十三五"国家重点研发计划"畜禽重大疫病防控与高效安全养殖综合技术研发"专项将"养殖环境对畜禽健康的影响机制研究"列入基础前沿类项目（项目编号：2016YFD0500500），并于2016年首批启动。旨在研究揭示畜禽舍温热、有害气体、光照、群体密度、空气颗粒物气溶胶5类主要环境因子，以及影响畜禽生长、发育、繁殖、泌乳、健康的生物学机制，提出11种主要畜禽高密度养殖环境参数及其多元化控制模型，为我国不同气候生态区安全、高效养殖畜禽舍建设、环境控制提供依据，支撑"全封闭、自动化、智能化、信息化"现代养殖方式发展的重大需求。项目组联合全国36个单位、94名专家协同攻关，历时5年，取得了一批重要理论和专利成果，发表了一批高水平论文，出版了《畜禽环境生物学》专著，制定了一批标准，研发了一批新技术产品，对畜牧业科技回归"以养为本"的创新方向起到了重要的引领作用。

"畜禽健康高效养殖环境手册"丛书是在"养殖环境对畜禽健康的影响机制研究"项目各课题系统总结本项目基础理论研究成果，梳理国内外科学研究积累、生产实践经验的基础上形成的，是本项目研究的重要成果。丛书的出版，既体现了重点研发专项一体化设计、总体思路实施，也反映了基础前沿研究聚焦解决产业重大问题、支撑产业创新发展宗旨。丛书共 10 个分册，内容涉及猪、奶牛、肉牛、水牛、肉羊（绵羊、山羊）、蛋鸡、肉鸡、肉鸭、蛋鸭、鹅共 11 种畜禽。各分册针对某一畜禽论述了现代化养殖模式、主要环境因子及其特点，提出了各环境因子的控制要求和标准，力求"创新性、先进性"，希望为现代畜牧业的高质量发展提供参考。同时，图文并茂、视频配套的写作方式及先进的典型生产案例介绍，增加了丛书的可读性和实用性。但不同畜禽高密度养殖的生产模式、技术方向迥异，特别是肉牛、肉羊、奶牛、鹅等畜种不适宜全封闭养殖。因此，不同分册的体例、内容设置需要考虑不同畜禽的生产养殖实际，无法做到整齐划一。

丛书出版是全体编著人员通力协作的成果，并得到了华沃德源环境技术（济南）有限公司和北京库蓝科技有限公司的友情资助，在此一并表示感谢！

尽管丛书凝聚了各编著者的心血，但编写水平有限，书中难免有错漏之处，敬请广大读者批评指正。

我们期望丛书的出版能为我国畜禽健康高效养殖发展有所裨益。

丛书编委会

2021 年春

　　我国幅员辽阔，气候变化差异很大，养殖的畜种也各不相同。自国家"退耕还林""粮改饲"等政策发布并实施以来，草食畜牧业得到了很大的发展，肉牛产业也迎来了前所未有的发展机遇。同时，在确保基本农田耕地红线的国家政策和防止草地退化的前提下，肉牛舍饲生产将成为主要模式。

　　肉牛舍的温热环境是小气候，受制于外界天气状况的大气候。在美国，肉牛饲养模式是在确定适宜的环境参数基础上进行的，采用工业控制技术来实现。我们应在吸纳其肉牛适宜环境界限研究成果的基础上，利用肉牛气候适应性和抗病特性，为我国肉牛生产确定不同舒适区与温热环境界限，以期在不同气候区利用适应性好的品种，从而在变化的环境中，从犊牛开始培育其气候适应能力，以实现肉牛健康生产，为社会供应优质牛肉。

　　现代有机农业要沿革精耕细作和过腹还田等农耕传统。人类发展的历史表明，从游牧到定居导致草原过牧，围湖造田导致水土流失与水体污染，但肉牛放牧可以修复草原和林地生态，环湖退耕还草还牧，会更有效地减少水土流失和水体富营养化。近年来，精准化、智慧化的肉牛舍饲技术，充分发挥了资源循环的潜能，大数据、手机终端App、微信小程序等管理工具的应用，推进了肉牛福利、健康生产和安全生产的发展。

在肉牛舍环境控制中，牛舍内通风换气设备、TMR饲养设备、牛肉肉色评分系统等得到了逐步推广，智能项圈已可实时监控肉牛运动轨迹、疫病特征、生理状况等，逐步统筹形成大数据管理系统。照明、通风、控温给水、加湿冷却等环境控制也从开关控制，向多目标协同控制过渡。在牛舍空气环境控制中，已证明舍内甲烷和氨气排放并不是气候变暖的主要因素，但氨气排放与雾霾有关。牛舍内氨气等有害气体，飞沫和PM2.5等成分对肉牛健康的威胁是空气环境控制关注的主体，肉牛呼吸新鲜的空气比保温更重要，同时提高饲料利用率是减少肉牛生产污染的根本途径之一。

肉牛的健康依赖于舒适的养殖环境。牛舍是肉牛安身立命的地方。在防寒防暑方面，如何降低北方寒区肉牛舍建筑成本，优化牛舍空间的畜栏布局，选择散栏饲养与拴系饲养方式，布置风机，缓解冬季牛舍通风与保温的矛盾，合理利用牛舍空间，以及运动场挡风墙、厚垫草、恒温饮水等被实践证明了的福利技术，如何通过改善环境以提高肉牛增重等问题，都能通过本手册找到相应的解决办法。

编者

2021 年 6 月

第一章
肉牛舍的环境控制

　　20 世纪 80 年代，我国肉牛产业以牧区为核心，如以新疆、青海等地为代表的西部牧区肉牛存栏量约占全国的 40％，牛肉产量占全国的 64.7％。随着时间的推移，肉牛主产区逐渐发生了变化。2005 年，以粮食生产为主的中原地区肉牛存栏量占全国的 53.1％。此后，"杀青弑母"现象使母牛饲养数量迅速下滑。至 2010 年，中原地区的肉牛存栏量仅占全国的 30％左右，东北地区维持在 27％，西南地区占 15％，西北地区占 11％。由于保有母牛群体，因此东北地区一直向中原地区和南方地区供应架子牛，但母牛存栏量匮乏已经严重限制我国肉牛产业的发展。2016 年后，河南、山东、新疆等省（自治区）肉牛存栏量位列全国前十，逐渐形成了中原、东北、西南和西北四大肉牛主产区。

　　近年来，在国家草地保护等政策的影响下，西北和内蒙古地区放牧饲养的肉牛数量也在萎缩，舍饲成为肉牛的主要饲养模式。母牛匮乏导致犊牛价格上涨，奶牛公犊加入了育肥行列，为北方地区肉牛发展提供了转机。我国南方地区具有丰富的水草和土地资源，2019 年肉牛存栏量居前 6 位的省份中有 5 个在南方，存栏量南移证实了肉牛对水草的依赖及低成本饲养的重要。含有瘤牛血统的中国肉牛耐热畏寒，而含有欧洲牛血统的普通牛耐寒畏热。因此，在

肉牛饲养中，应选择适宜的气候环境，分品种饲养。同时，在肉牛生产实践中，应根据肉牛适应性来完善牛舍设计，注重防暑防寒、通风换气，以逐渐形成各具气候区域特色的牛舍。

第一节　肉牛舍分类及典型设计

一、按墙面类型分类

根据墙面类型不同，可将牛舍分为双侧无墙的开放式牛舍、一侧无墙或有半墙的半开放式牛舍、有窗或无窗的封闭式牛舍。

1. 开放式牛舍　开放式牛舍是指双侧甚至四侧无墙壁，仅用围栏围护的有屋顶的牛舍。开放式牛舍可遮阳、避雨，克服或缓和不良气候因素对肉牛的影响，因其结构简单、施工方便、造价低廉而广泛适用于我国南方、中原等热带、亚热带和中温带气候区。图 1-1 是大跨度开放式牛舍，中间为供 TMR 给料车行走的通道，南侧有遮阳帘，可大栏群饲散养，且可直通外界运动场，我国江淮以南地区规模化牛场常用此舍型。

图 1-1　大跨度开放式牛舍

2. 半开放式牛舍 半开放式牛舍三面有墙，向阳面敞开或有半墙，有顶棚，在敞开的一侧设有围栏。夏季能通风降温，冬季可维持舍内温度，造价低，节省劳动力。适用于我国北亚热带、中原、南疆和东北南部地区中、小规模牛场。图 1-2 所示单列式半开放肉牛舍，北侧无窗，一般适用于冬季寒冷、夏季防暑压力小的地区。若是将饲喂通道放在北侧，南侧则延伸附属运动场，可以增加肉牛的活动空间。在冬季用此类型牛舍时，肉牛易于接收太阳照射，且南侧地面容易保持干燥。

图 1-2 单列式半开放肉牛舍

3. 封闭式牛舍

（1）有窗式牛舍 有窗式牛舍是四周均有墙壁的封闭式牛舍，一般坐北向南，前后有窗，其通风换气、采光主要依靠门、窗或通风管道。利于冬季防寒保暖，但夏季需要借助自然通风和风扇等降温。适合于我国中原和北方广大地区，在太阳能资源丰富的东北、西北及内蒙古地区，屋面加保温透光瓦有利于接收太阳照射，提高牛舍温度而起到防寒、保暖作用。

在寒温带的东北地区，防寒为牛舍设计的重点。坐北朝南的正房往往北墙无窗，以减少热量损失。修建厢房无论早晚都可从窗户接受阳光，南侧墙也可设窗，以充分利用太阳能。图1-3所示为有窗式牛舍，由于太阳能资源丰富，因此屋顶常开太阳窗，在西北地区常见。陕甘宁地区纬度高，为内陆性气候，冬季罕有东北和新疆北部寒冷，一般不会结露，且屋顶上的太阳窗置于过道上方，滴水也不易淋湿肉牛被毛。另外，还可使用新型双层中空塑料采光板，以增加隔热保温能力，且不易滴露。

图1-3　有窗式透光牛舍

（2）无窗式牛舍　无窗式牛舍是四周均有墙壁，墙上仅设应急窗的牛舍，环境条件主要依靠人工调节。这种牛舍的饲养管理自动化、机械化程度较高。但因造价高、耗电多、维持成本高，所以很少被肉牛生产企业采用。

二、按屋顶类型分类

根据屋顶类型不同，可将牛舍分为单坡式屋顶（图1-4）、双坡式屋顶（图1-5）、钟楼式屋顶（图1-6）和半钟楼式屋顶（图1-7）。这4类牛舍的优点、缺点和适用范围列于表1-1。

单坡式牛舍多见于散养户，这种牛舍常使用木质结构，用土坯建墙，可就地取材，成本较低。双坡式屋顶牛舍适合于我国南方，双坡式半开放牛舍适于中原地区，双坡式封闭牛舍适于寒冷地区。有窗封闭钟楼式牛舍是仿照德国、法国、荷兰等国在 20 世纪 30 年代的牛舍设计并沿用至今，但是，这种牛舍在南方已被改造为钟楼式牛舍，寒冷地区则以半钟楼式有窗密闭式牛舍为宜。

南京地区现有的有窗封闭钟楼式牛舍，还保留承重墙与钟楼式屋顶。新建牛舍则改为卷帘牛舍，夏季卷帘敞开可以通风，冬季卷帘落下可以挡风。虽然利用卷帘也可以起到保温作用，但其隔热保温性能差，一般仅能提高舍温 2℃。由于低温时相对湿度会超过 90%，因此，卷帘的保温作用并不理想，其主要作用是挡风。

图 1-4 单坡式屋顶（运动场覆盖塑料棚）

图 1-5 双坡式屋顶（有窗）

图 1-6　钟楼式屋顶

图 1-7　半钟楼式屋顶

表 1-1　不同屋顶牛舍的优缺点

类　型	优　点	缺　点	适用范围
单坡式屋顶	屋顶跨度小，结构简单，利于采光	占地面积偏大，不利于机械化	小规模肉牛场
双坡式屋顶	屋顶跨度大，保温性能好，造价低，适用性广	热带地区防暑效果不理想	规模化肉牛场
钟楼式屋顶	利于散热、除湿、通风和采光	屋顶构造复杂，造价高	规模化肉牛场
半钟楼式屋顶	利于散热、除湿、通风和采光	屋顶构造复杂，造价高	规模化肉牛场

三、按牛栏排列方式分类

根据舍内牛栏排列方式可将牛舍分为单列式牛舍、双列式牛舍和多列式牛舍。

1. 单列式牛舍　该类型牛舍跨度小，易于自然通风，增加散热面积，且设计简单，容易管理，建设牛舍时可就地取材，能减少建筑成本，一般适用于养殖数量少的家庭牛场。

图1-8为吊棚单列式牛舍，顶棚对冬季保温和夏季隔热都很重要，顶棚与屋面间可形成相对稳定的空气层，以保温隔热。冬季牛舍内热空气上浮，与舍外空气的温差大于与墙壁的温差，屋顶隔热能减少热量损失；夏季屋顶外表面接受太阳直射，顶棚减少了太阳辐射热向舍内传递，起到隔热作用。该类型牛舍的缺点在于夏季傍晚舍外气温降低时，隔热屋顶降温速度慢。因此，如果有运动场，

图1-8　吊棚单列式牛舍

可将肉牛赶到运动场上散热,自然降温。

2. 双列式牛舍 因牛站立方向不同,双列式牛舍可分为对头双列式和对尾双列式。图 1-9 所示为对头双列式牛舍,具有饲喂方便的特点,在散栏饲养中应用较多,但不方便粪便清理,导致牛舍墙壁容易被粪便污染;对尾双列式牛舍普遍应用于拴系饲养,以保证牛头向窗,利于采光通风,便于发情观察及清洁卫生,但不利于饲喂。同时,对侧肉牛处于视线盲区,趴卧的牛在听到从对侧牛床传出的声响时,为了判断风险,要观察背后牛群,导致舍内肉牛长期斜卧,心理不安。

对头双列式牛舍的中间过道是为了方便 TMR 饲料车通过。将屋顶最高处受太阳辐射热影响最低且易于防暑防寒的空间作为给料车的跑道比较浪费,可以通过延伸屋檐,在舍外设饲喂通道。长屋檐兼顾防雨与遮阳功能,这在棚舍和卷帘舍都容易实现。

图 1-9 钟楼屋面对头双列式有窗牛舍

3. 多列式牛舍　多见于大型肉牛场，图 1-10 中的大跨度多列式牛舍为短牛床拴系饲养牛舍，深粪沟，若增加链条式刮板清粪设备可事半功倍，同时降低劳动强度。

图 1-10　大跨度多列式牛舍

四、按肉牛生长阶段分类

根据肉牛不同生长阶段可将牛舍分为母牛舍、分娩舍、带犊母牛舍、犊牛舍、育成牛舍、育肥牛舍及隔离牛舍。

1. 母牛舍　母牛舍主要饲养青年后备母牛、空怀母牛和妊娠母牛，设备与设施因对象而异。图 1-11 为双坡式有窗母牛舍，母牛靠颈夹锁定采食，以保障每头牛都能吃到饲料。母牛舍一般要求如下：

（1）采食位和卧栏的比例以 1∶1 为宜；

（2）每头母牛需牛舍面积 8～10m²，需运动场面积 20～25m²；

（3）单列式牛舍跨度为 7m，双列式的为 12m；

（4）长度≤100m，排污沟向沉淀池方向有 1‰～1.5‰ 的坡度。

图 1-11　双坡式有窗母牛舍

2. 分娩舍　一般指用于母牛分娩和哺育犊牛的牛舍。图 1-12 的单列双坡有窗分娩舍，均有单栏隔离分娩栏，便于饲养员助产。

图 1-12　单列双坡有窗分娩舍

分娩舍一般要求如下：

（1）每头犊牛需牛舍面积 $2m^2$，每头母牛需牛舍面积8～
$10m^2$，需运动场面积 20～$25m^2$；

（2）可选用 $3.6m\times3.6m$ 分娩栏；

（3）地面铺设垫料。

3. 带犊母牛舍 目前还没有统一规范该类牛舍的设计，推荐
采用散养或卧栏饲养牛舍。图 1-13 为小栏带犊母牛舍，相对于单
圈饲养的活动范围增加，可以避免大群饲养时相互之间对资源的争
斗。此类牛舍要做好卫生清洁和防寒保暖工作。

图 1-13　小栏带犊母牛舍

4. 犊牛舍 犊牛舍是饲养断奶犊牛的地方，犊牛可以单饲、
群饲，因品种和饲养方式不同而设备、设施各异。图 1-14 为散养
群饲小栏犊牛舍，弯曲采食栅栏可以防止犊牛摆头甩草，减少饲料
浪费。犊牛舍一般要求如下：

（1）每头犊牛需牛舍面积 3～$4m^2$，需运动场面积 5～$10m^2$；

（2）牛舍地面应干燥，易排水。

5. 育成牛舍 用来饲养育成牛的地方，最好具有运动场。图

11

图 1-14　散养群饲小栏犊牛舍

1-15 所示为散栏群饲育成牛舍。基本要求如下：

（1）每头牛需牛舍面积 4～6m²，需运动场面积 10～15m²；

（2）卧栏尺寸和母牛舍不同，但其他设计基本一致。

图 1-15　散栏群饲育成牛舍

6. 育肥牛舍　一般用来饲养育肥牛，可分为散养式和拴系式。图 1-16 是敞棚散养式育肥牛舍，具有活动范围大、易清扫的特点。图 1-17 为拴系式育肥牛舍，具有饲养密度大、养殖数量多的优点。

图 1-16　敞棚散养式育肥牛舍

图 1-17　拴系式育肥牛舍

育肥肉牛舍的基本要求如下：

（1）拴系饲养时牛位宽 1.0～1.2m；

（2）小群饲养时每头牛需牛舍面积 6～8m²，需运动场面积 15～20m²。

7. 隔离牛舍　该类牛舍的出入口均应设消毒池，舍内不设卧栏，与普通牛舍间隔至少 300m。基于防疫工作的要求，隔离牛舍多在进口种牛场设置。然而，如果特别依赖引进架子牛的育肥牛场，应当设置隔离牛舍。图 1-18 的隔离牛舍，主要供外购架子牛育肥或引种隔离时使用。

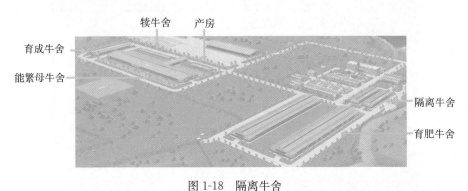

图 1-18　隔离牛舍

第二节　肉牛饲养模式与相关设备设施使用方式

一、饲养模式

按照饲养管理方式分类，可将肉牛饲养模式分为舍内饲养模式、放牧饲养模式和舍饲与放牧结合的饲养模式。

1. 舍内饲养模式　如图 1-19 所示，该模式没有运动场，一般适用于城市近郊和农区，没有饲草生产基地，但场内有配套建筑。根据饲养管理方式的不同，舍饲饲养又可分为拴系饲养和散栏饲养。拴系饲养是将牛拴系在牛床上，床前设食槽和饮水设备，不设运动场。散栏饲养不需要拴系设备，牛栏分为休息躺卧区、采食区或采食通道及排粪区，也有将躺卧区和采食区合二为一的，肉牛可在栏内自由采食、自由饮水和自由活动。为了增加肉牛的活动范围，也可在舍外设计运动场，供肉牛每天活动。

图 1-19　全舍饲饲养模式

相较于拴系饲养，散栏饲养具有更大优势。散栏饲养能使西门塔尔牛公牛的日增重显著提高，各体尺数据明显增加。虽然拴系组的屠宰率、净肉率分别高于散养组 3.2％和 3.7％，但散养组的眼肌面积高于拴系组 29.8％，拴系组肉骨比略高于散养组。提示在胴体品质方面，散养组与拴系组相当。拴系组和散养组的肉色评分分别为 5.00 和 3.67，大理石花纹等级分别为 3.33 和 4.00，散养组失水率比拴系组低 12.29％，熟肉率显著提高 6.91％，提示散栏饲养的肉牛能生产出更高品质的牛肉。荷斯坦牛公牛育肥时，散栏饲养下肢蹄病的发病率比拴系饲养下低 23.08％。总之，散栏饲养方式更有利于肉牛生长。

散栏饲养可以促肉牛运动，因为运动可以减少运输应激，改善肉质，提高肌肉 ATP 等含量。另外，通过运动，屠体内 ATP 等可转化鲜味物质鸟苷酸，增加肌肉组织的风味。不同饲养方式下，肉牛运动量由多到少的排序是：放牧饲养、大栏群饲散养、小栏群饲散养、单栏个体饲养和拴系饲养等。

2. 放牧饲养模式　如图 1-20 所示，该模式主要适合于牧区和

15

半农半牧区。其优点是可以充分利用天然草原或人工草地资源，降低生产成本，放牧肉牛的福利指标和肉品质均优于舍饲；缺点是管理比较粗放，产肉率比较低。实行全放牧时，可以在牧场的适当位置设简易棚舍，供肉牛避风、避雨或补饲用。在农区用种植的饲料饲草进行放牧也是未来肉牛养殖的模式之一。

图 1-20　放牧饲养模式

3. 舍饲与放牧结合的饲养模式　如图 1-21 所示，这种饲养模式适合于附近具备较大面积草场的牛场。在牧草生长期间和气候较好的情况下将肉牛放入草场，夜间或气候恶劣时肉牛留在舍内补

图 1-21　舍饲与放牧结合饲养模式

饲。由于肉牛需要饮水设备，因此草场应建有供水系统或有天然水源，在地势低洼处建立氮磷拦截沟渠，不能有污染物通过径流进入地表河流和湖泊。这种饲养模式下，肉牛不但能吃到新鲜的牧草，而且可以节省大量的劳动力，降低成本。

二、相关设备设施及使用方式

（一）通风方式

牛舍通风方式有自然通风和机械通风。自然通风是设置进风口和排风口（主要指门窗），以风压和热压为动力的通风方式。开放式牛舍一般采用自然通风。机械通风是以机械为动力的通风方式，机械通风按舍内气压变化可分为正压通风、负压通风和联合式通风。密闭式牛舍必须采用机械通风。

1. 自然通风　自然通风方式有风压通风和热压通风。

（1）风压通风　风压通风是当气流吹向牛舍时，迎风面形成大于大气压的正压，背风面形成小于大气压的负压，气流由正压面开口流入、由负压面开口排出，即形成自然通风（图1-22A）。风压通风量的大小取决于风速、风向角及进风口和排风口的面积；舍内气流分布取决于进风口的形状、位置和分布等。牛棚在利用风压通风上的效果最好，但随着牛舍跨度的增加，风压通风效果会减弱。

（2）热压通风　热压通风是当舍内外存在温差时，舍内空气被牛体、供暖设备等热源加热后膨胀上升，使上部气压大于舍外大气压，下部气压小于舍外大气压，舍内较热的污浊空气由上部开口排出，舍外较冷的新鲜空气由下部开口流入，即形成自然通风（图1-22B）。热压通风量的大小取决于舍内外温差、进风口和排风口的面积，以及两者之间的垂直距离；舍内气流运动也取决于进风口的形状、位置和分布等。钟楼式、半钟楼式屋顶在热压通风时效果最佳，适合在北温带以南的地区使用。寒温带地区，由于冬季牛舍内外温差大于20℃，因此利用窗缝隙热压通风换气就可保证空气质量。

自然通风的通风量、风速和气流分布不易控制，当自然通风不能满足需求时，可以采用机械辅助通风。

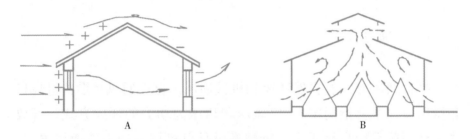

图 1-22 风压通风（A）和热压通风（B）模式图

2. 机械通风 机械通风方式有正压通风和负压通风。

（1）正压通风 正压通风也称进气式通风或送风，是指通过风机（主要用离心式风机）将舍外新鲜空气强制送入舍内，使舍内气压升高，舍内污浊空气经排风口或风管排出的通风方式（图 1-23）。其优点是可在进风口增加设备，对流入的空气进行加热、冷却及过滤等预处理，从而有效地保证舍内适宜的温度和空气质量。如图 1-23 所示，正压通风根据风机位置可分为双侧壁送风（图 1-23A）、单侧壁送风（图 1-23B）和屋顶送风（图 1-23C）。但正压通风方式比较复杂，造价和管理费用高。

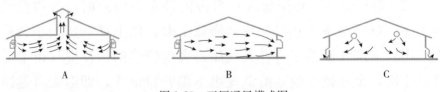

图 1-23 正压通风模式图
A. 双侧壁送风 B. 单侧壁送风 C. 屋顶送风

（2）负压通风　负压通风也称排气式通风或排风，是指通过风机（主要用轴流式风机）将舍内空气强制抽出，使舍内气压降低，舍外空气经进风口或风管流入舍内的通风方式。牛舍负压通风根据风机位置可分为横向负压单侧排风和屋顶排风（图1-24）。横向负压单侧通风是指舍内气流方向与牛舍长轴方向垂直的通风方式。屋顶排风是指舍内空气从屋顶排出的通风方式。

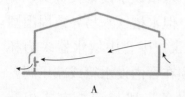 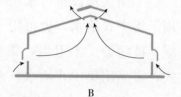

图 1-24　负压通风模式图
A. 横向负压单侧通风　B. 屋顶排风

（3）联合式通风　联合式通风也称混合式通风，是同时采用机械送风和机械排风的通风方式。大型密闭牛舍单靠机械排风或机械送风往往达不到理想的通风效果，需采用联合式通风。

（二）给排水方式

肉牛场常用水源有地表水、地下水和降水。一般地表水水质好、水量充足，为首选水源；但在西北干旱地区，地下水和降水为主要水源。地下水水质受地下矿岩和地质年代的影响较大，硬度高，盐碱度大，降雨时易受大气污染的影响，且与储水容器和储藏时间有关。建议利用经过处理的自来水，水质好，安全风险小。

1. 给水方式　肉牛场的给水方式一般分为集中式和分散式两种。集中式给水是用取水设备（如水泵）在水源处统一取水，经净化消毒处理后被送入储水设备（如水塔或压力水罐），再经配水管网送至各用水点（如水槽、饮水器等）。具有一定规模的牛场均应尽量采用集中式给水。分散式给水是各用水点用取水工具直接在水源处取

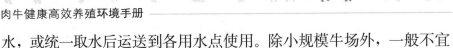

水，或统一取水后运送到各用水点使用。除小规模牛场外，一般不宜采用分散式给水。在有条件的牛场，应使用自来水，自备储水箱。

2. 饮水设备 牛舍的给水量应保证饲养管理用水、牛饮用水和消防用水。饲养管理用水包括调制饲料、冲洗圈舍和设备、刷洗牛体等用水。为了用水方便，一般在舍内或运动场的适宜位置设置水龙头。

牛用饮水设备可采用水槽或饮水器。水槽饮水设备投资少，可用于集中式给水，也可用于分散式给水；但水槽饮水易导致周围潮湿、被污染、不卫生，需要经常刷洗消毒。牛舍中饮水器多为杯式，需采用集中式给水，水压较大时必须在舍内设水箱或减压阀。

3. 排水方式与设备 牛舍的排水设备一般与清粪方式相配套。清粪方式可分为干清粪（人工干清粪或机械干清粪）、水冲或水泡清粪、漏粪地板清粪等。干清粪方式排水是当粪便与垫料混合或粪便与尿、水分离，呈半干状态时，可用人工或机械的方式清除粪便等固态物，然后将其运至堆粪处理设施，而液态物经排水系统流入粪水池存储。排水系统一般由排水沟、沉淀池、地下排出管及污水池或污水处理设施组成。图 1-25 所示为明沟机械清粪系统。

水冲（水泡）清粪方式排水是在采用漏缝地板时，粪便被牛蹄踩踏下去，落入粪沟。在粪沟的一端设自动翻水箱，水箱内水满时因重心失衡而自动翻转，粪水被倒至粪水井中，由粪罐车定期运走；也可不设粪水井，粪水直接由地下排污系统排至粪污处理设施，即水冲粪；或在粪沟的一端设挡水坎或闸板，使粪沟内保持一定深度的水，漏下的粪便被浸泡变稀，随水溢过挡水坎而流入粪水井，或定期提起闸板将粪水放流至粪水井，由粪罐车定期运走；或在粪沟底设活塞，当粪水达到一定深度时将活塞拔起，粪水流入粪水池或粪污处理设施，即水泡粪。水冲（水泡）清粪方式因厌氧发酵会产生更多的 NH_3，污染环境，因此不建议使用。

图 1-25　明沟机械清粪系统

4. 漏缝地板清粪方式排水　在采用漏缝地板时，也可用刮粪板将漏下的粪便刮至粪沟一端，再输送至粪便处理设施。同时尿水流入粪沟底端的集尿沟，然后进入地下排污系统。该工艺为机械清粪。图 1-26 为暗沟式机械清粪系统。

图 1-26　暗沟式机械清粪系统

21

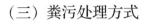

（三）粪污处理方式

1. 粪便处理方式　目前对粪便的处理主要包括物理法和生物化学法两种。物理法的主要方式为干燥处理，即采用自然干燥或机械干燥的方式降低粪便中的含水率，以便后续运输和存储，并最终用作肥料。生物化学法主要包括厌氧堆肥、好氧发酵和用作养料3种方式。厌氧堆肥是传统的黄泥封顶式堆肥方式，虽然处理时间长，但资源利用率高（图1-27）；透气静态堆肥（aerated static pile，ASP）因好氧而能快速制肥，所以是大多数有机肥厂无害化处理的快速制肥方式（图1-28）。用这2种堆肥方式获得的最终物质可作为有机肥。

图1-27　厌氧堆肥（泥封）

2. 污水处理方式　目前畜牧业污水处理技术一般采用"三段式"工艺，即固液分离、厌氧处理和好氧处理。无论采用何种工艺处理污水，都必须先进行固液分离，即过滤掉污水中的固体物质。多采用筛滤、压榨、过滤和沉淀等固液分离技术，常用的设备有固液分离机、格栅、沉淀池等。厌氧处理是利用污水厌氧发酵产生沼

图 1-28　透气静态堆肥（堆下有风机通气）

气，将有机物去除，同时将回收的沼气作为可利用的能源。好氧处理是依赖好氧菌和兼性厌氧菌的生化作用来完成污水处理过程，能有效降低污水的化学需氧量，去除氮和磷。另外，一种含有膜生物反应器（membrance bio-reactor，MBR）的新型处理系统也得了广泛的应用（图 1-29）。

　　如图 1-29 所示的污水处理系统是利用生物反应器中的微生物降解污水中的有机物，在外界压力的作用下，使用膜组件的高效截留性能将大分子物质和活性污泥保留在反应器内。进入污水处理系统的污水氨、氮含量高，靠曝气机吹脱氧化。MBR 可以利用好氧微生物和污水中大量存在的兼性厌氧微生物，于曝气条件

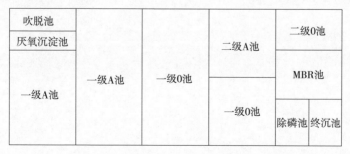

图 1-29　含 MBR 技术的污水处理系统模式图

23

下快速分解有机物，实现污水的无机化，并使氨、氮转化为硝酸盐（图 1-30）。

图 1-30　MBR 池的曝气状态

处理污水最有效的手段就是建设人工湿地，不仅占地面积少，而且处理效果也好。

第二章
温热环境与肉牛舍防寒防暑

我国肉牛品种各具特色，在北方有延边牛、蒙古牛、草原红牛、西门塔尔牛等；在中原有鲁西黄牛、晋南牛、南阳牛、夏南牛等；在西北有秦川牛、新疆褐牛等；在南方有皖东牛、皖西牛、皖南牛、湘西牛、桂林牛、锦江牛、赣南牛和雷州牛。南方牛都具有印度瘤牛的耐热性和东南亚野牛的抗病力，适应南方亚热带和热带气候，具有耐粗饲、四肢健壮、善攀爬的特点，适宜在山地、丘陵、河谷和盆地饲养。由于南北气候差异和品种分布不同，因此肉牛饲养的环境标准要兼顾气候带和品种问题，以建立适宜的肉牛温热环境管理标准和环境技术体系。

适应于热带养殖的肉牛品种饲料转化率高，散热能力强，即在高温时亦能保持健康水平，且能维持正常的生产性能。适应于温带和寒温带养殖的肉牛品种具有耐寒的皮下脂肪沉积习性，有抵御寒冷和克服饲草短缺的优势。在我国北方，肉牛舍饲后饲草不足问题虽然得到解决，但牛舍潮湿、结露结霜现象又增加了新的困扰。另外，内蒙古、新疆等地放牧的肉牛，冬季掉膘和犊牛冬季死亡率高的问题依然存在。因此，对肉牛生产而言，在等热区内组织生产最有利于肉牛健康生长，同时可以提高牛肉品质。

第一节　肉牛舒适环境

　　牛舍、露天放牧地、运动场乃至整个牛场的牛都处于小气候环境中，受温热环境（空气温度、湿度、气流、太阳辐射）、降水、空气质量（灰尘、微生物和内毒素等）的共同影响。人类为改善肉牛生活环境，修建了遮阳、防风、挡雨的牛棚，为改善牛舍小气候增设了自然通风或机械通风系统；为减少热负荷，在牛棚内增设淋浴与喷雾降温装置等。然而肉牛环境管理的前提是要了解温热环境的特征和肉牛的反应，通过肉牛的生理与行为来判定其在温热环境中的舒适性。

一、体温调节与冷热应激

　　1. 体温调节　体温调节系指动物调节维持体温稳衡性的生理机能。肉牛体温通常维持在 38.5℃ 左右，因代谢率的差异，地方肉牛品种的体温略低、培育肉牛品种的偏高，但一般相差不超过 0.5℃。肉牛体温具有日周期节律，朝低夕高，相差约 0.5℃。另外，采食、运动和高温都会使肉牛体温上升，称其为水平波动。当体温日周期节律表达正常时，则肉牛体温调节处于动态平衡状态，表示肉牛生理机能正常。因此，肉牛环境调节应基于体温日周期节律的变化去评价。

　　肉牛处于热舒适状态时，通过皮肤和呼吸道的传导、对流、辐射、蒸发，来维持新陈代谢的产热量（heat production，HP）和向环境散热（heat loss，HL）之间的平衡。在等热区内为维持体热平衡，肉牛姿势会发生变化，如侧卧表示促进散热，伏卧表示减少散热等。同时，调节外周血流量可以调节皮肤的显汗蒸发散热和隐汗蒸发散热，而显汗蒸发散热主要依赖于乙酰胆碱系统来调节汗腺、表皮和皮脂腺的生理功能。

2. 热应激 肉牛体温的稳衡性是体温调节的结果，能使肉牛体温处于热平衡状态，而体温上升与下降又是体热平衡调节的手段。体温升高到39℃时意味着肉牛进入热应激期，此称为肉牛的生理临界体温，即肉牛舒适温度的上限。此时，呼吸也由20次/min上升到60次/min以上，最高可超过100次/min，也称为热性喘息。

3. 临界温度 舒适环境下限，一般用产热量增加来判断。在饲草丰富时，肉牛体温不会降低，但心率增加时可通过增加血液循环量和组织器官氧通量来提高HP。心率增加亦可以作为临界温度的判断指标。下限临界温度（lower critical temperature，LCT）是指，HL调节已不能维持肉牛体温恒定，肉牛必须增加HP才能维持机体的热平衡。

二、肉牛LCT的变动

1. 体表隔热与LCT 在饲料充足的秋季，肉牛大量采食饲料以增加皮下脂肪的厚度，有利于提高抵抗寒冷的能力，欧洲牛、秦川牛、延边牛和蒙古牛都有此特征。但皮下脂肪沉积也增加了肉牛对热应激的易感性，不利于防暑。冬季暴露在寒冷条件下，肉牛可通过提高被毛厚度来增强隔热能力；但被毛层的隔热性可能随着气流增大而降低，当被毛层潮湿时，不仅因水分降低了被毛的热阻值，而且水分子也可以吸收更多的皮肤长波辐射热，故肉牛舍的冬季防风、防霜、防结露就显得非常重要。对驯鹿的被皮风洞试验表明，由雾或小雨引起的水分对热阻的影响不大，而出现大雨浸润时，水分子可吸收长波辐射热，吸热导致蒸发冷却；也可直接浸润被毛，降低被毛的热阻值，全面破坏被毛的隔热能力。在不同风速及秋毛、冬毛和被毛干燥与潮湿条件下，育成牛的LCT也各不相同（表2-1）。可见在干燥、阳光照射下，育成牛的LCT为−24℃；

在大风、被毛湿润下，LCT 仅为 2℃，两者的 LCT 相差了 26℃。

表 2-1　不同条件下育成牛（300 kg）的 LCT

牛舍条件	LCT（℃）
在静风条件下	
秋毛	4
冬毛	
干（阴天）	−18
干（8h 阳光）	−24
干（4h 阳光，晴朗的夜晚）	−11
在风速为 4.5m/s 的条件下	
冬毛（干）	−8
被毛湿润	2

资料来源：Webster（1970）。

2. 行为与 LCT　肉牛适应寒冷的能力取决于暴露于寒冷天气中的时间长短。如果暴露时间太短或间歇性，则不会出现产热量上升的情况。但是，在寒冷（−17℃）天气下，5h 或 10h 组的 2 岁 450kg 商品杂交牛阴道温度上升，暗示肉牛可增加代谢产热量来御寒，在草地放牧的肉牛害怕寒冷就是这个原因。因此，冬季恶劣天气对肉牛热交换和饲料能量需求产生了重要影响。

3. 品种与 LCT　锦江牛为含有瘤牛血统的地方良种，在饲料充足的条件下，四季的背膘厚度未见差异，在冬季并不依赖皮下脂肪御寒及储备能量。在夏季和秋季，锦江牛可以蓄积肾周脂肪，夏季脂肪沉积可减少 HP 与 HL 负荷，秋季脂肪沉积是应对冬季牧草短缺和秸秆品质下降的生存策略。而欧洲牛和秦川牛因储备皮下脂肪御寒，反而增加了夏季防暑的困难。

皖东牛也属于南方牛品种，其 LCT 约为 5℃。南方牛被毛和皮下脂肪厚度都比含有欧洲黄牛血统的薄。江淮以南地区冬季也有短暂 0℃ 以下的湿冷天气，因此防寒问题也不容忽略。

三、寒冷对幼犊和育成牛的影响

1. 犊牛对寒冷的适应 犊牛出生时的直肠温度比母牛的体温约高 1℃，出生后 6h 内可下降到正常值，原因似乎是潮湿的皮毛利于散热所致的降温。35kg 重的新生欧洲犊牛，被毛长度仅有1.2cm，在无风、干燥、静止的空气中 LCT 为 9℃，到 8 周龄后下降到 0℃。若能生活在铺垫干稻草的犊牛岛中，则当外界气温降至 −30℃ 时，犊牛也能健康生长。与饲养在封闭舍内的小牛相比，犊牛岛饲养模式还可以降低患传染性肠道疾病和呼吸道疾病的风险。

2. 犊牛的寒冷损伤 在人工气候室，将荷斯坦牛新生犊牛饲养于铺有干燥垫料的犊牛岛中，与 17℃ 的舒适温度相比，−20～−8℃ 和 −30～−18℃ 两个寒冷昼夜变温组的新生犊牛体温由 39℃降到 38.7℃，站立时 HP 均增加；躺卧时 −20～−8℃ 的 HP 与17℃ 的一样，但 −30～−18℃ 组的 HP 增加；三组中低温组日增重减少，但差异不显著。可见在低温条件下，趴卧在干燥垫料上可减少散热，犊牛岛形成有别于人工气候温度的微环境。在 17℃ 的温暖环境中血管舒张，组织热阻最低；在低温条件下，血管舒缩调节的组织热阻随着寒冷的持续与肉牛日龄的增加而增加，但外周被毛隔热决定的外围热阻却未见增加趋势。暴露于低温下的犊牛，其腿部出现单纯的红细胞渗出性皮下水肿，虽然触摸时犊牛未见痛感，步行和跳跃行为都正常，但福利工作者认为犊牛健康已受到伤害。寒冷时犊牛肾周脂肪沉积量较少，且棕色脂肪组织比例较高，可见低温已调动了脂肪供能机制。

3. 品种与霜冻 霜冻是低温高湿的混合状态，对犊牛可造成一定的伤害。将荷斯坦牛和娟姗牛犊牛置于 20℃、12℃、8℃ 和 3℃，以及与 0.22m/s 和 1.61m/s 风速组合的人工气候室中，温度和风速具有交互作用，20℃和12℃下靠血管收缩增加组织隔热作用，HP并未增加，尚在等热区内；但在12℃和1.61m/s风速组合下，HP增加，与3℃及0.22m/s组合下的HP相当；在8℃和3℃下，因娟姗牛犊牛被毛稀疏，所以其抵御冷风和降水的能力较弱。给犊牛穿戴马甲保暖，可以增加外周隔热作用，有利于提高其在寒冷条件下的舒适度。此外，设置室外防雨棚也可以降低低温对犊牛的伤害。

肉牛防寒不仅是防低温，还要防止风、雨、雪和牛床面潮湿的组合效应对肉牛造成的伤害；不是单纯需要隔热保温的牛舍，而是屋顶能透气、不结露、不结霜，不存在顶棚滴水、床面潮湿、被毛湿润的情况。透气的草屋内不结露、不结霜，比彩钢瓦屋面更适合于寒冷地区的牛舍，且经济实用。化工产品虽能解决相应问题，如聚苯乙烯塑料是常见的隔热材料，但是不透气，会出现结霜、结露现象。目前只能依据牛舍设计气温，计算内表面低限热阻和最低换气量来解决不滴露、不结霜的问题。

4. 舍温与生产性能　人工气候室中的秦川牛，在−5℃低温条件下，其采食时间、采食次数、咀嚼时间和咀嚼次数均增加；在40℃高温条件下，其采食时间、采食次数、咀嚼时间与咀嚼次数都减少。在−5℃低温条件下，秦川牛的采食量增加，饮水量减少，日增重降低，饲料转化效率降低；同时，其血清皮质醇与正常水平相比含量降低，但许多生理常值亦在正常范围。一方面证明−5℃的低温条件并未对秦川牛造成冷应激，另一方面低温饮冷水时会影响代谢率，故饮温水应成为冬季防寒管理的技术策略，而在高温条件下肉牛体重降低的主要原因是采食量减少。

四、高温高湿对肉牛的影响

1. 温湿指数　温度、湿度、气流和辐射热共同构成了肉牛的温热环境，当出现高温和高湿时散热困难，肉牛进入热应激状态。

30

犊牛很少被冻死，但被热死则并非罕见。高温高湿时，肉牛显汗蒸发可以有效地散热，避免体温上升。肉牛蒸发散热的 70%～85% 靠显汗蒸发，其余的则是通过呼吸散热。当空气温度接近皮肤温度时，蒸发就成为牛体与环境进行热交换的主要途径。环境高温高湿抑制了蒸发散热，降低了肉牛的体温调节能力。若体热积聚，体温上升，则肉牛会中暑，出现颅温上升，易引发昏厥甚至窒息而死。温湿指数（thermal-humidity index，THI）常被用于出汗能力比较强的马属和牛科动物。THI 公式原型用干球温度（dry bulb temperature，DBT）和湿球温度（wet bulb temperature，WBD）混合计算，即 $THI = 0.72 \times (DBT + WBT) + 40.6$。

如表 2-2 所示，THI 低于 74 被界定为肉牛的舒适环境，THI 在 74～80 为轻度热应激，THI 大于 84 出现极端热应激，肉牛直肠温度上升，呼吸频率加快。

表 2-2　肉牛热应激判断标准

应激程度	THI
无热应激	THI<74
轻微热应激	74≤THI<78
较强热应激	78≤THI<80
强热应激	80≤THI<84
极端热应激	THI >84

2. 热环境适应性　为适应高温气候，肉牛采食量减少。在高温时期，肉牛寻找阴凉处，站立时间延长，在水槽附近的站立时间则更长。白天牛群通常都在凉棚里躲避强烈的太阳辐射，而在傍晚会到凉棚外，利用空气流动散热，以避开被太阳辐射的屋面释放的热辐射。在高温条件下，秦川牛采食量降低，采食时间减少，但反刍时间延长，咀嚼次数增多，反刍间隔时间短，由采食吞咽到逆呕反刍的时间延长，目的是减少胃肠蠕动和采食后的体增热及降低产热。

　　高温下肉牛的饮水量和排尿量均增加，一是为了蒸发散热；二是大量饮水可通过排尿降温。在开展的秦川牛反季节高温试验中发现，冬季被毛厚度增加了隔热能力，加重了高温的影响；但墙壁表面温度较低，可更多地吸收肉牛辐射的热量。在 40℃ 环境温度下，秦川牛头、腹、背的体表温度分别为 39.1℃、39.8℃ 和 39.7℃，直肠温度为 39.4℃。可见，虽然环境温度大于体温，但是直肠温度维持稳定，秦川牛处于热平衡状态，散热正常。主要原因在于：其一，人工气候室的冷墙壁吸收辐射热，起到降温作用，使人为控制的温热环境的实际温度低于 39.4℃。其二，舍外气温低，在饱和水汽压低、人工气候室湿度低的前提下，有利于蒸发散热，而夏季在人工气候室做高温试验有利于析因分析。由于人工气候室会因反季节试验等问题带来一定的误差，因此获得的参数需要经过校正后在生产中应用。在牛舍随季节进行的试验数据则更真实、可靠。

　　3. 热环境与繁殖性能　　高温可影响母牛的卵巢功能、卵子健康、发情表现及胚胎发育等，导致其繁殖能力降低。血清抑制素主要来源于卵巢上的中小卵泡，而高温导致发情期母牛卵泡发生率下降，血清抑制素浓度明显降低。受抑制素下降的影响，夏季母牛在排卵前，血浆中 FSH 浓度明显高于秋、冬季，而高温能够抑制垂体前叶 LH 的分泌，从而降低肉牛卵巢卵泡的排卵比例，导致受胎率降低。如果血浆中雌激素浓度较低，则母牛控制促性腺激素分泌的神经内分泌机制对热应激更为敏感。这也是夏季肉牛的发情期比冬季长，自然交配时公牛的爬跨次数显著低于冬季，且两次爬跨之间的间隔时间也比冬季长的原因。

　　在类固醇激素分泌上，肉牛卵巢上的中等卵泡和排卵前卵泡的卵泡膜细胞比颗粒细胞对温度更敏感。与其他动物一样，环境温度上升导致公牛睾丸温度升高，引起精子数量减少与精子活率下降，精子畸形率显著上升。与冬季相比，夏季肉牛血浆中的胰岛素、IGF-1 和葡萄糖浓度都很低，主要原因在于饲料中干物质摄入量降低和能量负平衡增加。胰岛素是母牛卵泡发育必需的生长因子之一，缺乏时将会导致卵母细胞质量降低。

五、温热环境的综合作用

在实际生产中，虽然温热环境的四大因素共同作用于肉牛，但用于衡量肉牛对温热环境反应的指标并不能完全包括这四大因素。THI 用以划分热应激程度，但忽略了风速和辐射热对肉牛的影响。THI 将 DBT 和 WBT 的影响系数均设置为 0.72，意味着温度和湿度对肉牛的影响相同。但在生产中，牛、马和人的发汗能力相近，因此蒸发散热是高温环境下的肉牛主要散热方式。不同季节肉牛的显热和潜热散热比例也不相同，夏季以高温蒸发散热为主，WBT 湿度的影响大，冬季则变小。

1. 体感温度 用动物自身的生理反应和行为反应来表示其是否处于舒适、寒冷和温热情况，比用人的好恶和感觉来评价动物环境的好坏更为客观。体感温度（effective temperature，ET）就是这样一个指标。1962 年 Bianca 以直肠温度作为生理反应指标，确定高温下牛 ET 的公式：$ET = 0.35DBT + 0.65WBT$（增加了 WBT 加权值）。我国南方地区夏季气温较高，以呼吸次数为指标确定的奶牛 ET 公式为：$ET = 0.10DBT + 0.90WBT$，WBT 加权值比 Bianca 在北美洲获得的更高，表明呼吸次数对肉牛的影响比体温更敏感。

为了评价风速对冬、夏季肉牛体温调节的影响，在 ET 公式中增加了风速（V）因素。肉牛夏季 ET 公式：$ET = 0.28DBT + 0.72WBT - 1.93V$。此公式显示，在气温为 $22 \sim 35℃$ 条件下，WBT 对肉牛皮肤温度的影响比 DBT 的大。肉牛冬季 ET 公式为：$ET = 0.81DBT + 0.19WBT - 2.99V$。例如，$1m/s$ 的风速可使 ET 降低 $2.99℃$。在夏季，牛舍没有墙壁遮挡，用地面饲喂可减少

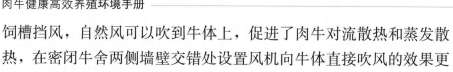

饲槽挡风，自然风可以吹到牛体上，促进了肉牛对流散热和蒸发散热，在密闭牛舍两侧墙壁交错处设置风机向牛体直接吹风的效果更佳；而在冬季，牛舍加卷帘防风，同时可增加肉牛的体感温度，减少冷应激，有利于防寒。

2. 瘤牛与普通牛的耐热性　为了利用肉牛生理反应来确定其舒适温度区间，判断舒适温度上限，可以通过皮肤温度（Ts）随空气温度（Ta）增加的变曲点，来确定显汗蒸发的环境温度，并通过呼吸次数与蒸发散热量（evaporative heat dissipation，He）的变曲点加以验证，以确定舒适温度的上限。北方黄牛舒适温度的计算公式如下：

冬季：$Ts = 0.839 Ta + 12.13$（$P < 0.01$，$r = 0.940$）

夏季：$Ts = 0.485 Ta + 20.68$（$P < 0.01$，$r = 0.842$）

在夏季，由于显汗蒸发吸收了体表热量，因此 Ts 随 Ta 的增加幅度（直线斜率）降低。两条直线的交点在 $Ta = 24℃$，而日本和牛的变曲点 $Ta = 19℃$，相差 5℃，即北方黄牛舒适温度的上限比南方牛低5℃，当气温在19℃时就必须增加显汗蒸发以散热。南方牛的血管舒缩调节能力更强；北方的暖房和前述新生犊牛穿防寒马甲都降低了组织热阻的调节能力；江淮地区经历冷冬的肉牛，其血管舒缩调节能力比北方肉牛更强，故低温驯化具有实用性。南方黄牛舒适温度的计算公式如下：

冬季：$He = 26.6 Ta - 340.3$（$P < 0.01$，$r = 0.82$）

夏季：$He = 60.88 Ta - 1115$（$P < 0.01$，$r = 0.98$）

在南方，夏季蒸发散热的增幅（斜率）翻倍，截距更大。自然通风状态下 Ta 值每升高 1℃，锦江牛与西门塔尔牛杂交牛的 Ts 就提高 0.30℃，西门塔尔牛的 Ts 提高 0.47℃。含有瘤牛血统的锦江牛杂交牛的蒸发能力更强，可散发更多体表热量，以降低皮肤表面温度。

3. 肉牛喘息评分热性喘息　呼吸频率的升高是热负荷增加的敏感指标，反映散热压力，并且呼吸行为和呼吸次数很容易在不干扰肉牛的情况下进行视觉评估，是测定热应激最常用的方法。根据呼吸频率，可建立肉牛热喘息评分系统（panting scores，PS）来判断肉牛的热应激状态。该系统将肉牛热应激分为 8 个等级，肉牛热应激随等级上升而增加（表 2-3）。

表 2-3　肉牛喘息评分

分数	呼吸描述	图示
0	未喘息，呼吸次数小于 40 次/min	
1	微喘息，口闭合，胸部起伏，未流涎，呼吸次数为 40～70 次/min	
2	快速喘气，流涎，闭唇，呼吸次数为 70～120 次/min	
2.5	同上，偶尔张嘴喘气，呼吸次数为 70～120 次/min	
3	张嘴喘息，颈前伸，头上扬，涎水，呼吸次数为 120～160 次/min	
3.5	同 3，舌头外露，短暂地快速流涎，呼吸次数为 120～160 次/min	
4	常张嘴喘气，舌外露，涎水量大，头颈前伸，呼吸次数大于 160 次/min	
4.5	同 4，头下垂，偶尔呈腹式呼吸，流涎减弱或暂停，无效腔浅呼吸	

资料来源：Byrne（2005）。

第二节　肉牛舍防寒防暑

肉牛舍的设计与温热环境管理都要依据肉牛舒适温热环境参数来进行，冬季要求保暖、御寒，夏季要求通风、防暑。因此，要选择合适的牛舍结构。根据牛舍外围结构可将牛舍分为封闭舍、半开放舍、开放舍和棚舍。

一、肉牛舍温热环境适宜参数推荐值

肉牛舍温热环境适宜参数推荐值如表 2-4 所示。北方欧亚肉牛临界温度较低，犊牛的生产环境临界温度在 0℃，育成牛的在－18℃以下。在内蒙古、新疆和东北牧区，冬季可在草原上自由放牧肉牛，在加挡风墙的育肥场内可以获得良好的育肥成绩。在冬季，江淮以南的牛棚温度多在－5℃，最低为－10℃。因此，南方肉牛育成牛和育肥牛的环境温度低限值分别为－5℃和－10℃。北方肉牛舍温度多在－10℃以上，张掖地区室外育肥牛栏温度多在－15℃以上。因此，北方肉牛育成牛和育肥牛场生产环境温度最低值为－10℃和－15℃，适宜相对湿度为 30％～80％。推荐的环境温度最低值，主要是说明单纯的低温可以保持肉牛健康，减少保温的生产成本；而低温和高湿的组合会带来严重的冷害和传染病流行，对生产损失更大。另外，在注重封闭保温的同时一定要注重通风换气。

表 2-4　肉牛舍温热环境适宜参数推荐值

空气指标	新生犊牛	北方肉牛育成牛	南方肉牛育成牛	北方肉牛育肥牛	南方肉牛育肥牛
下限临界温度（℃）	5	－18	5	－24	－5
显汗蒸发临界温度（℃）		19	24		
临界体温（℃）		39	39	39	39
适宜温度区间（℃）	5～35	2～19	5～24	－5～15	0～20

（续）

空气指标	新生犊牛	北方肉牛 育成牛	南方肉牛 育成牛	北方肉牛 育肥牛	南方肉牛 育肥牛
生产环境温度最低值（℃）	≥0	≥−10	≥−5	≥−15	≥−10
适宜湿度区间（%）			30~80		
冬季风速限值			<0.5		
夏季风速限值			≥0.5		

通风方面，在江淮以南地区使用加卷帘的牛舍结构不是为了保温，而是为了挡风，将冬季入风口置于卷帘裙膜上方，牛床处风速可小于 0.5m/s。在肉牛生产中，通常会根据风向开敞背风面，减少因封闭所致相对湿度达 90% 以上的高湿风险。在北方地区，若直接用大棚养牛则必须做到大棚不滴水，留好合理的通风口，实现最低换气量。

二、牛舍结构与隔热

牛舍类型、结构、材料与隔热性能对肉牛的环境控制效果至关重要，也与建设成本息息相关。

1. **屋顶隔热** 随着牛舍跨度的增加，屋顶面积比墙壁面积更大，屋面类型、材料对牛舍内空气温度的影响增加。采用聚塑板（聚苯乙烯泡沫塑料板）作屋顶保温，则舍温比半开放式的牛舍温度要高 12.0℃，牛舍内温度的最高值易于出现在牛床位置。

夏季太阳高度角加大，屋面接收更多的太阳直射辐射，屋顶隔热可减缓高温环境下舍内屋面的热辐射量。北方冬季寒冷，牛舍结构更多考虑的是隔热保温问题，防寒保温与防暑隔热在结构设计上基本一致。

2. **结构冷桥** 墙壁、屋面等外围结构，若有贯通内外的金属材料，则因其导热系数大，传导的热量多，成为热传递直通内外的快速桥梁，故称冷桥。例如，金属门窗门框，贯通舍内外的钢筋、

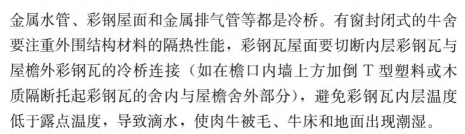

金属水管、彩钢屋面和金属排气管等都是冷桥。有窗封闭式的牛舍要注重外围结构材料的隔热性能，彩钢瓦屋面要切断内层彩钢瓦与屋檐外彩钢瓦的冷桥连接（如在檐口内墙上方加倒 T 型塑料或木质隔断托起彩钢瓦的舍内与屋檐舍外部分），避免彩钢瓦内层温度低于露点温度，导致滴水，使肉牛被毛、牛床和地面出现潮湿。

3. 最低换气量　冬季通风换气会降低舍内温度，而减少换气量又会导致舍内潮湿。因此，要平衡换气与保温的矛盾，以减少低温潮湿、空气质量下降罹患皮肤病、感冒、呼吸道等疾病的风险。因舍内潮湿导致的湿润被毛使导热性上升，所以肉牛会损失更多热量，也可降低肉牛生长发育和牛场的经济效益。在冷环境下，THI每减少 1，肉牛的死亡率平均提升 4%。在对黑毛和冷应激的研究发现，THI 与牛的发病率呈负相关，低于 50 时呼吸道疾病、皮肤病等患病率显著提升；低于 70 时，新生犊牛体重也显著降低。因此，在牛舍设计上，要满足保温与通风两方面的需求，在做好防寒保温的基础上，重视牛舍的通风换气设计，组织有效的气流和换气量，以降低湿冷和污浊空气对育肥牛健康和生产的影响。

4. 牛场布局　场区布局、牛舍朝向与结构要总结周边村落分布和房屋朝向经验，用科学知识剖析牛舍与周边山脉、河流、地形和地势的关系。

5. 建筑取材　江淮以南地区用棚舍是肉牛养殖的最佳选择，肉牛趴卧区风速加大有利于蒸发散热和对流散热。在散养户或小型农场，受成本限制，牛舍屋顶往往只铺设单层彩钢瓦。屋顶若用草屋面，不仅夏季隔热、冬季保温，而且还透气，可解决保温和换气的矛盾。

寒冷地区常用塑料薄膜封闭牛舍，目的是挡风，减少换气量。另外，为了透气，用无滴膜配草帘是非常好的组合方式，也可以利用大棚作为冷空气进入牛舍前的缓冲间，即建立可调节的双重小气候。

三、夏季防暑技术

在夏季高温时，肉牛的防暑通常采用遮阳、通风降温、机械送风等方式。

1. 运动场与牛舍遮阳 在夏季，牛舍和运动场周围种植阔叶树木，地面用灌木和草地绿化是常用的防暑技术措施。阔叶树木可减少运动场和屋顶的太阳辐射，冬季落叶时又不影响牛舍对太阳能的利用，阳光可直射入舍。同时，植被的蒸腾作用可以降低场区的地面温度，减少太阳辐射到地面时对舍内辐射热的影响，改善牛场或牛舍小气候。

在运动场搭建凉棚或在屋檐外搭建遮阳网也能创造相对的低温环境。在风速较小时，相对低温与牛舍高温区之间可产生对流。因此，在场区建设绿地、水塘有利于防暑降温。

2. 地势与场区小气候 在热带地区建设肉牛场，可以选择临近江河湖泊（保持一定防疫与防污染间隔，3 000m）、山谷、山口地带，以借助当地自然环境降温；在寒冷地区，则要避开这样的区域，有利于防寒。

3. 建筑布局 在牛舍场区布局时，南方可根据夏季的主风方向考虑利用狭管风，而在寒冷地区则要避免形成狭管风。在牛场设计时可以利用牛舍较高的特点，以场区绿化带、防风墙和牛舍外墙构筑狭管，形成"冷巷"通风，在外墙开窗，将冷巷低温空气引入舍内。在冬季，外墙窗关闭，冷巷成为场区排风通道。

4. 机械送风 在牛舍墙壁安装大直径风扇，可加大牛舍气流速度，起到防暑降温的作用。同时，这种装置不受牛舍结构制约，对任何牛舍都有效。

为了减少土地占用面积，在生产中也出现了大跨度（30m）、低屋面的联栋牛舍，可以利用横向湿帘通风系统来解决这类牛舍的换气问题。湿帘降温的原理是加湿冷却，为了提高降温效果，往往减少换气量，降温的同时提高了相对湿度，这样有可能抑制了蒸发散热，使牛的体温居高不下。因此，在利用湿帘降温时还应加快空气流动速度，以促进散热。在高温条件下，显汗蒸发是牛的主要散热方式。研究证实，直接吹风可促进牛体蒸发散热和对流散热，在外界温度为32℃时，采用昼夜送风的方式可以降低肉牛体温和呼吸次数，有利于体温日周期节律的呈现（高温下体温调节正常性的标志），达到防暑的目的。在美国南达科他州出现利用湿帘制造恒温牛舍的现象，恒温牛舍温度常年维持在10~24℃的舒适温度内。然而，在我国华东地区夏季连续5d的测试结果显示，仅有2个早晨在第1列靠近湿帘侧气温低于24℃，该列肉牛体温也仅有1d低于39℃的临界体温，当气温到30℃时肉牛体温接近或超过40℃（图2-1）。显然，即便是农家简易单列式棚舍不加风机，肉牛也不会出现如此高的体温。证明高湿度抑制了蒸发散热，只有通过升高体温来散热，并且由于减少了换气量，氨气浓度的增加也有损肉牛健康。

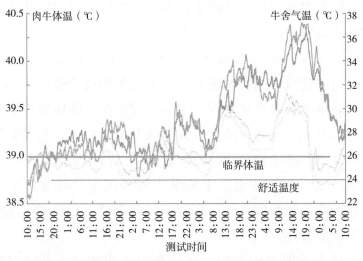

图2-1　夏季大跨度连栋牛舍气温与肉牛体温日周期节律

（资料来源：邓书辉，2015）

对于大跨度牛舍需要在前述交互送风的基础上，在舍内加装风机和导风板，形成接力送风的情况。在简单改造湿帘"恒温"牛舍的基础上，在舍内加装风机（图2-2），在湿帘的外侧加风机送风，将原负压排风机倒装或正压向舍内吹风，散热效果非常明显。且在气温32℃以下，湿帘不加湿，避免形成高温高湿环境而降低防暑效果。

图 2-2　在湿帘"恒温"牛舍内加装风机

5. 安装喷淋或喷雾设备　喷淋与喷雾均有加湿、冷却、降温的效果，与风扇一起安装兼顾了提高风速，进而提高了防暑效果。虽然肉牛的体表蒸发能力较强，但若牛舍湿度近于饱和则抑制了高温下的蒸发散热，不利于防暑。因此，在32℃以下水汽易于达到饱和，不宜加装喷淋或喷雾设备。若能智能控制，则在相对湿度达到80％时，停止喷淋只采取送风的降温效果更佳。

6. 加湿降温系统　采用负压通风和湿帘降温系统要求牛舍密闭性好，但一般牛舍难以做到，因此牛舍多用湿帘冷风机-风管系统与送风管正压置换通风系统共同使用达到降温目的（图2-3）。其降温作用原理是蒸发冷却原理，与利用喷淋与喷雾降温相似，在32℃以下水汽易于达到饱和，不宜使用。若采用智能控制台，在相对湿度达到80%时可通过智能控制台自动停止湿帘加水，改为单纯透风可以防止高湿（图2-4）。

图2-3　冷风管正压送风

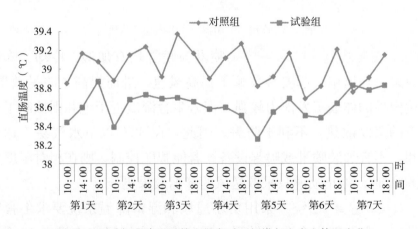

图2-4　夏季加湿降温风管和吊扇时西门塔尔牛肉牛体温变化

体温和呼吸次数的变动可以反映肉牛对环境的适应性，体温日周期节律是恒温动物适应昼夜光环境、睡眠与觉醒行为的生物节律，由生物钟调控。图 2-1 所示为肉牛 5d 的体温日周期节律，从图中可知，体温水平基线随舍温升高而增加，一方面，我们肯定了"恒温"牛舍的降温效果；另一方面，在舍温为 30℃时，牛的体温可以超过 40℃，此时会出现严重热应激。在冷风管送风牛舍和只有吊扇送风的牛舍，对西门塔尔牛体温变化进行的对比试验结果表明，在舍外气温达到 38℃时，吊扇组肉牛体温为39.2℃，超过了临界体温 39℃时连续 7d 的体温均呈周期性变化，即10：00在较低水平，18：00 出现高峰（图 2-4）。试验冷风管组肉牛体温整体下降，第 1 天的体温高峰在 18：00，此后 3d 最高气温都在 38℃以上、最低气温都在 33℃以上时肉牛体温下降，但是体温下降也不能维持体温平衡，此后 2d 体温略有升高。生产中采用正压冷风风管系统，可有效降低体温，使温度在临界体温以下。但应注意，坚持昼夜都通过送风降温是防止肉牛夏季中暑的管理策略。

四、冬季饮用温水技术

饮用温水最早出现于仔猪饲养中，是针对仔猪痢疾的改善方案。在肉牛生产上，冬季给肉牛饮用温水，可以增加肉牛体重。

1. 温水系统　牛舍温水系统是将可加温电热水箱架高，利用高度形成供水压力，通过水管将水送到各个水杯中，用水浮子控制以补充冷水，用控温仪控制水温（图 2-5）。由于每个水杯给水温度差别较大，因此可以加装循环水泵，优化饮水工艺，使每个水杯都能提供等温的饮水。

2. 改善增重的原理　生产中的试验表明，饮用温水可改善肉牛增重。饮用冷水的肉牛其 HP $[13.67kJ/（kg^{0.75} \cdot h）]$ 高于饮

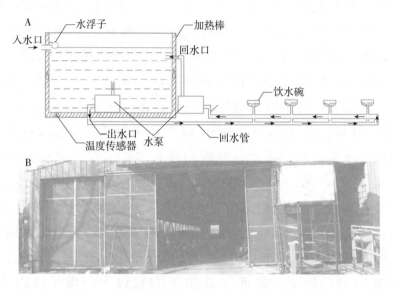

图 2-5　饮用温水循环模式设计图（A）和实物图（B）

用温水的肉牛 $[11.75\text{kJ}/(\text{kg}^{0.75}\cdot\text{h})]$，但差异不显著。原因是肉牛在饮用冷水时，虽然次数增多，但每次的饮水量下降，目的是以此缓解冷水对瘤胃和体温的刺激，HP 增加不显著。由于畏惧冷水，因此肉牛每日的总饮水量也降低。

3. 饮水量下降导致的危害　在冬季，肉牛饮水量降低常常导致肾结石，会给生产实际带来严重损失，甚至影响牛肉品质，导致牛肉都有尿素味道。安装饮用温水装置花钱不多但收效明显，在北方肉牛饲养中值得推广。

4. 饮温水与饲料消化率的关系　冬季饮用温水可提高皖东牛瘤胃微生物的多样性，增加纤维分解菌的数量，促进纤维酶和木聚糖酶的分泌，增加总挥发性脂肪酸、乙酸、丙酸含量。另外，饮用温水的肉牛其粪便中粗蛋白质比例减少、粪便微生物多样性降低、血清尿素氮下降，揭示饮用温水能提高蛋白质的消化率，降低尿素氮的排放量，从而改善空气质量。因此，在冬季，肉牛饮用温水可以提高饲料消化率。

五、肉牛围栏饲养场环境管理

1. 增加挡风的重要性 在冬季，冷风与低温会给肉牛带来巨大的冷应激，导致生产性能下降。日本和牛在气温为 6℃、风速为 32.8m/s 条件下的 HP，比气温为 4℃、风速为 20m/s 时显著增加。因此，冬季防风极其重要。

2. 加挡风墙的位置 挡风墙在草原游牧时代就开始使用，往往设置在轮牧草地的中心、补饲精饲料的地方。如今可以在荒漠地区建设肉牛围栏饲养场，用挡风墙来减少低温对肉牛的伤害。寒冷地区牛舍运动场也可用挡风墙或绿化带挡风。

3. 挡风墙种类 如图 2-6 所示，挡风墙分为实体挡风墙和缝隙挡风墙。前者牢固结实，适于固定场所，形成的上升气流，主气流跨越的高度是墙高的 12 倍，若墙高 2.4m，则可形成约 28m 的避风幅度，但存在涡流，风速越大涡流越强；而缝隙挡风墙的缝隙既减少了墙的阻力，又降低了风速，缝隙度在 30％～50％比较合适。

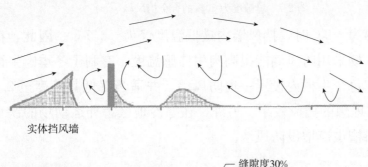

实体挡风墙

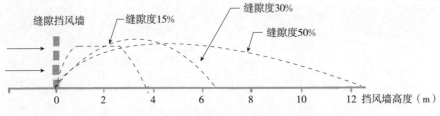

图 2-6　实体挡风墙和缝隙挡风墙防风效果模式图

4. 实例 冬季在甘肃省进行了遮蔽距离与挡风效果及风速对肉牛生产性能的影响研究，所用合金防风墙高 4m，缝隙度为 50％（图 2-7）。结果表明，在水平遮蔽距离是 10 倍墙高的范围内，据地面 1.2 m 高处可减少风速 70％；最佳风速折减区域位于距墙后 2～4 倍墙高的水平遮蔽距离内，并且在 8 倍墙高以内风速能折减 50％。

图 2-7 缝隙度为 50％的合金挡风墙

在气温为－9℃时，挡风墙内最低温度仅为－6.7℃。因此，在围栏育肥牛场采用防风墙能提高肉牛体感温度，有利于冬季肉牛饲养。建议在每个牛栏内设置一道防风墙，并适当降低其高度至 2.5 m，以获得理想的挡风效果。另外，在寒冷地区舍外运动场的饮水器和补饲料槽也应增设防风墙。

第三章
牛舍空气卫生环境控制

随着肉牛业向规模化、集约化和工厂化方向的进一步发展，饲养环境中的气体对肉牛生理、健康和生产性能的影响日益凸显。如何对肉牛场环境进行控制，制定满足肉牛健康和生产需要的适宜环境参数及其限值，是决定集约化肉牛生产成败的关键因素。

瘤胃是肉牛消化饲草料的特有器官，内含大量的微生物，细菌、真菌和原虫共生于此。为了提高发酵速率，瘤胃甲烷菌利用氢元素产生甲烷（CH_4），并通过暖气将甲烷气体排放到舍内。因此，由肉牛生产带来的温室气体问题越来越受到气候专家的关注。

为肉牛提供新鲜空气、减少环境污染、改善牛舍空气卫生环境，对保障肉牛健康、促进肉牛生产性能的充分发挥具有重要意义。同时，通过瘤胃甲烷排放技术调控甲烷排放量，既可节约饲料资源，又可降低温室气体的排放。

第一节　肉牛舍空气卫生指标及其限值

牛舍换气量降低会严重影响空气卫生环境质量，导致各类有害气体增加，使舍内气体组分发生改变，造成环境慢性缺氧，影响肉牛的健康和生产性能；或诱发肉牛的呼吸系统疾病，增加死亡率。

一、牛舍空气环境与大气污染

1. 大气污染物影响牛舍内的空气环境 大气中的微粒、SO_2、氟化物和微生物等，都会影响牛场周围环境和牛舍内空气卫生环境。因此，肉牛场选址时要避开以上污染物产生的源头，在污染源的上风向处且距离污染源 1 000m 以上距离选址建场。

2. 牛舍空气环境受肉牛生长和生产的影响 在牛舍内，肉牛生产过程中一般会产生以下物质，如代谢产生的 CO_2、瘤胃发酵产生的 CH_4、粪尿分解或发酵产生的 NH_3 和硫化氢（H_2S）、逸散的微生物和尘埃、肉牛咳嗽和打喷嚏排出的飞沫（常携带细菌、病毒和气溶胶）、作业管理产生的粉尘微粒等。肉牛生长、生产产生的气体使舍内空气质量低于舍外。一般情况下，牛舍内的 NH_3、CO_2、CH_4、H_2S、水汽和粉尘等浓度大于舍外，若不加以控制超过肉牛所能承受的生理限值后必然对肉牛健康和生产造成不良影响。

3. 对大气的污染 NH_3 和 H_2S 是牛舍中最主要的空气污染物，也是重要的大气污染物。逸散到大气中，NH_3 和氮氧化物产生的酸可形成以硫酸盐和硝酸盐为主的气溶胶，导致次生污染。气溶胶能穿透肺组织并降低大气的透光性，促进 PM2.5 形成雾霾。硫酸盐、硝酸盐和铵盐（sulfate，nitrate and ammonium，SNA）占 PM2.5 质量的 $39.8\%\sim46.1\%$，NH_3 在形成 SNA 颗粒中占较大比例，美国畜牧业中产生的 NH_3 为 $67\%\sim95\%$。在欧洲，大气 NH_3 污染来源于畜牧业的约占 3/4。

4. 雾霾形成的地域性 向大气排放的 NH_3 主要来源于畜牧场废弃物分解和农田施用氮肥的挥发。在我国，1980—2012 年这两个来源的 NH_3 占雾霾形成的 $80\%\sim90\%$；在美国，1998 年这两个来源的 NH_3 占总排放量的 85%。虽然畜牧业和施用化肥时 NH_3 排放量的影响很大，但它们大多分布在农村地区，不容易与工业和城市中产生的氮氧化物及二氧化硫结合。

二、NH_3

1. NH_3来源 牛舍内最主要空气污染物之一是NH_3，它是由尿素和牛排泄物中未消化的蛋白质经细菌分解而产生的。相比牛粪，尿液中的尿素产生NH_3的量更多。同时，饲料及垫草的分解也会产生一部分NH_3。

2. NH_3对肉牛的危害 NH_3易溶于水，在牛舍内往往被吸附在潮湿的物体表面，以水合态形式存在，一般在牛舍下方浓度较高，这也恰好是肉牛的生活区。

NH_3易感染眼黏膜、结膜、呼吸道、阴道黏膜和体表伤口。以呼吸道为例，NH_3被吸入呼吸系统后溶于呼吸道黏膜，产生刺激并导致黏膜损伤，导致上呼吸道黏膜充血、红肿、分泌物增多，引起肺部出血和炎症。低浓度NH_3可刺激三叉神经末梢，引起呼吸中枢的反射性兴奋。NH_3可通过肺泡上皮进入血液，引起血管中枢的反应，并与血红蛋白结合，置换氧基，破坏血液运输氧气的能力，造成组织缺氧，导致呼吸困难。高浓度的NH_3可造成碱性化学灼伤，使组织溶解、坏死；另外，还能引起中枢系统麻痹、中毒性肝病和心肌损伤等。短时低浓度的NH_3虽然不会导致显著的病理变化，但会引起肉牛采食量下降，对疾病的抵抗力降低，导致生产力下降。NH_3可造成肉牛眼结膜充血，发生炎症甚至失明。在环境控制舱加NH_3的环境中，NH_3浓度增加会降低秦川牛的生产性能，发生特定器官损伤，降低机体的免疫能力和抗氧化能力，并引发炎症反应。

3. NH_3限值 由于NH_3浓度过高会对肉牛造成伤害，因此建议规模化肉牛舍NH_3浓度不高于$15mg/m^3$。《畜禽场环境质量标准》（NY/T 388—1999）推荐，牛舍内NH_3浓度不得超过20mg/

m^3。《农产品安全质量 无公害畜禽肉产地环境要求》(GB/T 18407—2001) 规定，牛舍内氨气浓度<15mg/m^3，犊牛、种公牛、种母牛生产追求终身贡献率，建议舍内 NH_3 浓度限界<10mg/m^3，育肥牛采用<15mg/m^3 的无公害标准。因清粪作业等导致牛舍有害气体会短时间增加，各类肉牛舍允许短期 NH_3 浓度（<2h）在 30mg/m^3 以下。

三、H_2S

1. H_2S 来源 牛舍空气中的 H_2S 主要来源于含硫有机物的分解，肉牛采食含硫氨基酸，如蛋氨酸、胱氨酸等浓度比较高的日粮时，在消化机能出现障碍后可由肠道排出大量 H_2S。

2. H_2S 对肉牛的危害 H_2S 较空气重，一般在牛床处聚集较多。H_2S 可溶于水，其水溶液为氢硫酸，对肉牛黏膜有刺激和腐蚀作用。H_2S 溶于黏膜中的水分后又很快分解，与 Na^+ 结合生成 Na_2S，对肉牛可产生强烈的刺激作用，引起眼睛和呼吸道炎症，出现畏光、流泪、咳嗽，发生鼻塞、气管炎甚至引起肺水肿。H_2S 具有还原性，吸入肉牛肺泡后经肺泡上皮进入血液循环，可与氧化型细胞色素氧化酶中的 Fe^{3+} 结合，破坏细胞组成，从而影响细胞呼吸，造成组织缺氧。长期处于低浓度的 H_2S 环境中，肉牛体质变弱，抗病力下降。高浓度 H_2S 还可直接抑制呼吸中枢，引起肉牛窒息死亡。

3. H_2S 限值 在可查阅的牛舍空气环境调查中，H_2S 浓度较低，未见超出《畜禽场环境质量标准》(NY/T 388—1999) 中要求牛舍空气中 H_2S 浓度不得超过 8mg/m^3 的情况。

四、CO_2

1. CO_2 来源 由生物呼吸代谢产生的 CO_2 在大气中的浓度一般

为 0.04%。在肉牛呼吸代谢、瘤胃和粪便中微生物呼吸代谢作用下，牛舍中的 CO_2 浓度一般高于舍外。另外，舍内 CO_2 浓度也与饲养密度和通风换气量有关。

2. CO_2 性质　CO_2 分子质量大于空气，因此在牛舍下部滞留较多。一般情况下，CO_2 对肉牛无毒害作用。但在牛舍换气系统出现障碍时，CO_2 分压增加、氧气分压降低会造成肉牛慢性缺氧，体质虚弱，生长速度下降甚至死亡。由于牛舍一般不会建成无窗封闭式全自动环境控制舍，因此 CO_2 含量不会过高。

3. CO_2 监测的意义　CO_2 易于测量，牛舍 CO_2 浓度增加意味着舍内通风换气量不足，表示 NH_3、H_2S、微生物、粉尘、PM10、PM2.5 等含量也可能较高，舍内空气卫生质量下降。由于 CO_2 易于测定且舍内外也存在，因此可用 CO_2 浓度作为反映牛舍空气质量和通风换气系统状态的重要监测指标。

4. CO_2 限值　《畜禽场环境质量标准》（NY/T 388—1999）规定，牛舍 CO_2 的限值为 $1\ 500mg/m^3$，冬季舍饲时难以达到此限值。大气中 CO_2 浓度在 $400mg/m^3$ 左右，畜牧场场区常在 $700\ mg/m^3$。根据不同牛舍的封闭状况，推荐犊牛舍 CO_2 限值为 $1\ 500\ mg/m^3$（0.15%，$2\ 946mg/m^3$），育成牛和育肥牛为 $3\ 000mg/m^3$（0.3%，$5\ 900mg/m^3$），短期每日 2h 内 CO_2 浓度可以在 $5\ 000mg/m^3$（0.5%，$9\ 800mg/m^3$）以下。

五、CH_4

1. CH_4 来源　牛舍中，CH_4 来源主要有肉牛瘤胃微生物发酵产生及由粪尿厌氧发酵产生。

2. CH_4 减排　CH_4、CO_2、NH_3、H_2S、N_2O 和水汽都是偶极分子，可以吸收长波辐射热。在气候温暖、低碳畜牧业和低碳生活背景下，CH_4 成为减排目标。在我国，肉牛产生 CH_4 的量约占畜牧

业 CH_4 产生总量的 43%，比全球的 51% 略低。在我国，由肉牛粪和猪粪发酵产生的 CH_4 占畜牧业 CH_4 产生总量的 74%。肉牛业成为低碳减排、温室气体减量化的主要对象。

3. CH_4 减排的意义 家畜产生的 CO_2 的量巨大，但却未列入减排目标。因家畜饲料的来源——植物，能利用大气中的 CO_2，并不能增加大气中 CO_2 的负荷。而 CH_4 可以吸收 CO_2 不能吸收的波长之外的长波辐射热，1 份 CH_4 相当于 22 份 CO_2 当量，因此具有明显的温室效应。NH_3 和 H_2S 的温室效应甚微，N_2O 源于污水反硝化过程，主要在舍外产生。CH_4、NH_3、H_2S 和 N_2O 等温室气体在吸收长波辐射时，其温室效应作用不足 H_2O 的 1%，而 H_2O 因大气循环不产生积累且也无法控制，因此 CH_4 减排在应对气候温暖上的意义就变得微乎其微了。

六、肉牛舍环境空气参数推荐值

肉牛舍空气参数要与自然环境、经济发展相协调，综合考量各指标间的关系，从生产实际监测的报告中获得信息，解决保温与通风换气的矛盾。在寒冷地区使用犊牛岛，在保温的同时采用较低换气量，可以维持空气新鲜。利用太阳辐射等绿色能源、给犊牛穿马甲等措施平衡肉牛舍保温与换气的矛盾也并非难题。

综合以上各类数据，建议肉牛舍饲养环境空气参数为：NH_3 低于 $15mg/m^3$，H_2S 低于 $8mg/m^3$，CO_2 低于 $1\ 500mg/m^3$，PM10 低于 $2mg/m^3$，TSP（总悬浮颗粒）低于 $4mg/m^3$，详见表 3-1。

表 3-1　肉牛舍环境空气质量参数推荐值（mg/m^3）

空气指标	犊牛	母牛和公牛	育成牛	育肥牛	2h 限值
NH_3	<10	<10	<15	<15	<30
H_2S			<8		
CO_2	$<3\ 000$	$<3\ 000$	$<6\ 000$	$<6\ 000$	$<9\ 600$

（续）

空气指标	犊牛	母牛和公牛	育成牛	育肥牛	2h限值
PM10			<2		
TSP			<4		

第二节　牛舍环境的影响因素与有害气体消减技术

影响牛舍饲养环境气体产生量的因素颇多，以 NH_3 为例，有饲料中的蛋白质含量，粪便和尿液中的氮含量，肉牛种类、年龄和体重，牛舍粪污清理系统，粪便储存方式，牛舍温度，肉牛在舍中的滞留时间，牛舍的换气量等。

一、影响因素

1. 建筑形式　建筑形式对牛舍内有害气体的分布和变化有直接影响。我国肉牛舍的建筑形式因地理区域不同而异，有开放式、半开放式和封闭式等多种形式。在华北地区，夏季敞棚式牛舍和封闭式牛舍内 NH_3 浓度都较低（$<1mg/m^3$），但因舍间距离小于4m，且舍间堆满牛粪，因此两栋牛舍之间的 NH_3 浓度可达 3.2 mg/m^3。冬季敞棚舍因堆肥发酵速度变缓，所以 NH_3 浓度降低（$<2mg/m^3$）；但封闭舍内 NH_3 浓度远高于夏季，浓度可达 7.8~10.8 mg/m^3，且在离地面 1.2m 处的空气中 NH_3 浓度显著高于离地面 0.6m 处的空气，表明新鲜冷空气从下方流入牛舍。因此，推荐我国华北地区牛舍内 NH_3 浓度不高于 $10mg/m^3$。在东北地区的夏季，开放式、半开放式和封闭式舍内的 NH_3 浓度很低，都小于 $1mg/m^3$，CO_2 浓度为 $700mg/m^3$。冬季封闭舍内 NH_3 浓度为 11~14 mg/m^3，小于 $15mg/m^3$ 的推荐限值。冬季犊牛舍内 NH_3 浓度小于 $5mg/m^3$，可

以满足行业标准要求，而育成牛和成母牛舍内 CO_2 浓度可以达到 3 000mg/m³。主要原因是在寒冷地区冬季舍温低，换气量减少导致 CO_2 浓度升高，但 NH_3 浓度仍保持在较低水平，新疆地区的情形类似。

对犊牛来说，犊牛岛是开放或半开放的，环境空气新鲜可减少群养时肉牛因飞沫、粪便和接触而感染疾病的风险。尽管北方肉牛新生犊牛的临界温度为 7℃，但在冰天雪地中的犊牛岛，往往通过牺牲温热环境，获取新鲜空气，而获得较高的成活率。

东北农业大学对犊牛岛结构的研究表明，在舍外 −17.5℃ 温度下，犊牛岛内休息区的温度为 0.9℃，相对湿度为 65％，内壁表面温度为 5.7℃，CO_2 浓度为 2 441mg/m³，优于推荐限值；而传统牛舍中 CO_2 浓度为 3 096mg/m³，与推荐值相当。在犊牛岛内未检出 NH_3，而在传统舍内 NH_3 浓度为 3.9mg/m³，表明犊牛岛内空气质量良好。在新疆，犊牛岛内 NH_3 浓度为 5～19mg/m³，CO_2 浓度为 455～1 450mg/m³，H_2S 浓度为 0.8～1.0mg/m³；与当地犊牛舍 NH_3 浓度 17～66mg/m³、CO_2 浓度 876～4 322mg/m³ 和 H_2S 浓度 0.9～2.6mg/m³ 相比较，犊牛岛内的空气质量也有大幅度提升。

2. 季节 夏季高温时 NH_3 的释放量明显高于冬季，但却因换气量大而使 NH_3 浓度降低。冬季为了保温，门窗密闭，换气量降低，CO_2 浓度增加。西北地区冬季牛舍内平均风速为 0.12 m/s，早晨通风量为 157m³/（h·头），CO_2 浓度为 2 562mg/m³，NH_3 浓度为 5.2mg/m³。舍内温度、湿度通风状况、采光系数、采光时间及 CO_2 和 NH_3 浓度均符合肉牛饲养环境标准。

3. 清粪方式 为了节省劳动力，降低劳动强度和人工费用，肉牛育肥逐渐向规模化、集约化方向发展，自动化、机械化清粪成为重要的管理方式。与人工清粪相比较，用机械清粪时舍内氨气浓度会提高 70％～75％，在刮粪后 1h 内舍内氨气浓度会回落到刮粪前的 80％～85％。由于人工清粪速度慢，因此氨气释放的速度也慢，在清粪的过程中舍内氨气浓度较清粪前提高 8%～22%，但是清粪后舍内氨气浓度较刮粪前没有减少。人工清粪时舍内 NH_3 浓度均高于欧洲家畜环境空气质量标准要求（<15mg/m³），而用机械清粪牛舍内全天 NH_3 浓度均在 11.2mg/m³ 上下波动，优于欧盟空气质量标准。

二、有害气体消减技术

牛舍内有害气体的控制是规模化肉牛饲养管理的重要课题，可通过优化日粮营养、及时清除粪便、保持舍内干燥、铺设垫草、合理组织通风换气、使用微生态制剂和使用有害气体吸附剂等处理技术，来降低舍内有害气体的浓度。

1. 优化日粮营养　在满足肉牛生长需要的基础上，使各种营养素之间达到平衡是降低牛舍内有害气体的根本措施。通过优化肉牛日粮配制，做到精准营养供给；同时，使用添加剂提高饲料的消化率和消化道对营养物质的吸收率，可以提高饲料利用效率，减少牛舍有害气体的产生。粪尿是牛舍 NH_3 和 H_2S 的主要来源。当日粮中蛋白质含量过高时，粪氮和尿氮水平增加，导致 NH_3 生成量增加，当日粮中含硫氨基酸过高并与其他氨基酸不平衡时可能造成舍内 H_2S 浓度增加。日粮精粗比例则影响瘤胃中 CH_4 的产量。

2. 及时清除粪尿　当粪尿在舍内滞留时间延长时，微生物可将粪尿中的含氮物质转化为 NH_3。夏季温度高而发酵速度快，NH_3 产生量多，但因换气量大所以 NH_3 浓度较低。冬季温度低，微生物代谢速度缓慢，但为了保暖，牛舍封闭较严，清粪频率减少，导致舍内 NH_3 浓度增加。因此，在集约化生产条件下，应该考虑采用自动化机械清粪方式，以提高清粪效率，减少粪尿在牛舍中的滞留时间。

3. 保持舍内干燥　牛舍地面潮湿为微生物繁衍创造了良好的

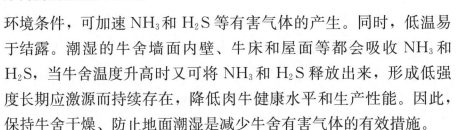

环境条件，可加速 NH_3 和 H_2S 等有害气体的产生。同时，低温易于结露。潮湿的牛舍墙面内壁、牛床和屋面等都会吸收 NH_3 和 H_2S，当牛舍温度升高时又可将 NH_3 和 H_2S 释放出来，形成低强度长期应激源而持续存在，降低肉牛健康水平和生产性能。因此，保持牛舍干燥、防止地面潮湿是减少牛舍有害气体的有效措施。

4. 铺设垫草 垫草可以吸收一定量的有害气体，是国内外肉牛生产常用福利饲养方式。高寒地区的牛舍、牛床铺设厚垫草，可以减少牛体的热量损失，保证肉牛健康舒服。厚垫草吸收有害气体的数量与垫草种类有关，麦秸、稻草和树叶等垫料可有效吸附一定量的有害气体。另外，散养户用黄土垫圈也能起到很好的除臭效果。

在牛舍铺设垫草时，必须保持垫草干燥、卫生并定期进行更换。否则，厚垫料藏污纳垢后反而会成为重要污染源。对垫草进行翻动，可将厚垫草变成发酵床，使其透气、不泥泞化，保持好氧发酵状态，产生硫、氮的氧化物和 CO_2，减少由于厌氧发酵导致 NH_3 和 H_2S 等气体的产生。南京农业大学的自然发酵床饲养模式，无需添加菌种，在冬季高度为 $20\sim45cm$ 的发酵床，其温度可达 $40\sim50℃$；除了起到防寒保暖的作用外，也可以起到抑制病原微生物产生的作用。

5. 合理组织通风换气 合理组织通风换气，能将有害气体及时排出舍外，是保证舍内空气清洁的重要措施。牛舍换气良好可大幅降低 CO_2、NH_3 和 H_2S 等气体浓度，有利肉牛健康生长，提高经济效益。通风换气效率的高低有赖于其建筑设计和通风设备的使用。一般而言，要根据牛舍的跨度、长度、高度和肉牛饲养密度，以及地域和季节确定通风换气量。在冬季，可以利用 CO_2 平衡公式，确定满足牛舍达到 CO_2 限值的最低换气量，用热平衡公式判断是否需要采暖。为了兼顾牛舍保温与通风换气的关系，达到既要保温又要维持舍内空气质量的目的，应根据区域特点来确定通风换气方式和换气量。

6. 使用微生态制剂　微生态制剂作为一种绿色、无污染的饲料添加剂，逐渐被开发利用。在饲料中添加的微生态制剂能分泌消化酶，可提高饲料养分利用率，某些益生菌可抑制特定微生物生长，分泌抗菌物质，调节胃肠道微生物的种类和数量，促进有益菌（如乳酸杆菌、双歧杆菌）生长，维持肉牛健康。可用于控制牛舍环境的微生态复合制剂种类有很多，如光合细菌、乳酸菌与芽孢杆菌等。另外，无论在夏季还是冬季，采用 EM 菌剂和 BYM 菌剂处理的垫料，都能大幅降低牛舍内 CO_2、NH_3 和 H_2S 等气体浓度。

7. 使用有害气体吸附剂　一些吸附性新产品，如载铜硅酸盐、沸石、活性炭、活性氧化铝等的表面积大，能够吸附 NH_3、H_2S、CO_2 和 H_2O 等，可降低牛舍内的有害气体浓度。吸附剂 XF-4 的有效成分主要为一水磷酸二氢钙 $[Ca(H_2PO_4)_2 \cdot H_2O]$ 和石膏 $(CaSO_4 \cdot 2H_2O)$。在夏季，1kg XF-4 可吸附 10.24g NH_3、1.70g CO_2，但对 CH_4、H_2S 无吸附能力。GY-1 是一种多孔性含水硅铝酸盐的晶体，1kg GY-1 在 8h 内对 NH_3 的吸附量分别为 2.12g（春）、3.14g（夏）、1.09g（秋）和 0.69g（冬），即冬季对 NH_3 的吸附量最低。另外，植物提取物不仅能够抑制脲酶活性，而且能够阻断微生物合成脲酶的途径，使脲酶的分泌量减少，从而抑制排泄物中尿素分解产生 NH_3。

第四章
肉牛饲养密度及其福利

相同面积的牛舍若饲养的肉牛数量少，不仅增加饲养成本，而且占用更多的土地，浪费资源。因此，集约化饲养肉牛时，在育肥阶段常常采用高密度群体饲养模式。肉牛从自由群饲散养、单圈饲养到拴系饲养，饲养密度逐渐增加，导致肉牛活动空间减少，自然行为表达逐步被剥夺，肉牛福利下降。高密度饲养还会导致肉牛生产性能下降，并损害其免疫系统，有碍其健康、福利和行为。

舍饲是集约化肉牛生产的主要模式，饲养密度与肉牛福利必须兼顾。因此，应在满足肉牛福利的前提下，提高饲养密度。

第一节　饲养密度与肉牛生产

饲养密度是肉牛规模化生产的重要工艺参数，不仅关系肉牛生产成本，而且也关系肉牛生产性能。饲养密度过大不仅会使肉牛容易感染各种疾病，而且也增加舍内有害气体的浓度，降低肉牛的生产性能。

一、饲养密度对肉牛生长发育和健康的影响

1. 冬季饲养密度　在群体大小一样、饲养面积不同的肉牛饲

养密度试验中，冬季 $2m^2$/头的高密度饲养时可见肉牛竞争采食，尽管采食量增加，但日增重未见增加，因此饲料转化效率偏低；另外，高密度饲养使肉牛站立时间，特别是在休息的夜间和中午站立时间较长，可以理解为空间压缩，肉牛休息受到了影响。在南方，钟楼式屋顶的牛舍中，饲养密度增加时单位面积产生的粪尿量也相应增加，导致 NH_3 排放量显著增加，但是仍在限值之内。冬季舍温超过 10℃、相对湿度达 90% 以上时，有必要适当开放墙壁卷帘，增加通风，以降低有害气体对肉牛的影响。当每头肉牛占用面积为 $3.6 m^2$ 时生产性能高，肉牛福利水平较高，可为适宜饲养密度的推荐值。

2. 夏季饲养密度　在饲养数量相同但饲养面积不同的肉牛饲养密度试验中，32℃以上高温条件时，锦江牛与西门塔尔牛的杂交牛具有良好的耐热性。但高密度饲养影响肉牛休息，密度增加时单位面积中粪尿的排放量也相应增加，导致牛体脏污，舍内 NH_3 含量增加，但 NH_3 和 CO_2 浓度均在限值之内。若以牛体脏污评分作为指标，与冬季 $3.6m^2$/头的饲养密度相比，夏季肉牛饲养密度 $4.5m^2$/头更合适。

3. 饲养密度对生产性能的影响　对体重为 240～800kg 的肉牛进行长期饲养的研究发现，在 $32m^2$ 面积上饲养 1～2 头，与相同面积饲养 3～4 头相比，前者获得了更高的日增重和饲料转化效率。饲养 1～2 头肉牛的眼肌面积比饲养 3～4 头的更大。可见，饲养密度增加的长期积累会对肉牛的生产性能产生显著影响，造成日增重随饲养密度的增加而逐渐下降。应用粪尿堆积、舍内有害气体密度、肉牛站立时间和躯体脏污评分等与肉牛休息、卫生、福利相关指标，来判断饲养密度增加和高密度的危害更为合适。

在高饲养密度下，群体中优势个体和劣势个体之间的差异增加，采食时间和采食质量出现偏差，导致肉牛群体的均匀性降低。另外，与 $6m^2$/头和 $12m^2$/头组相比，饲养密度为 $24m^2$/头的肉牛，

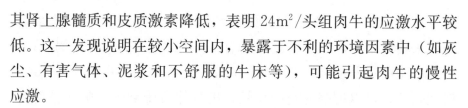

其肾上腺髓质和皮质激素降低，表明 24m²/头组肉牛的应激水平较低。这一发现说明在较小空间内，暴露于不利的环境因素中（如灰尘、有害气体、泥浆和不舒服的牛床等），可能引起肉牛的慢性应激。

二、肉牛饲养密度对环境的影响

1. 饲养密度与环境　在冬季适当提高饲养密度，可增加热源，有利于升高舍温。在北方，人们担心高饲养密度会使舍内水汽和有害气体浓度升高，牛舍空气湿度加大，牛床潮湿，空气污浊，易滋生微生物，增加肉牛患病率，影响肉牛的健康生长。但是自然换气牛舍依赖于肉牛产热的热源，高密度饲养时导致舍温升高，增加舍内外温差，加大换气量，可排出污浊空气。另外，高密度饲养方式与定时舍外运动场排便制度相结合，粪便在舍外排出，舍内易于干燥，污染少，空气质量可得到改善。可见采取适宜的管理措施也可提高饲养密度。反之，夏季应适当降低饲养密度。

2. 饲养密度与天气　饲养密度为 24m²/头时，肉牛的饲养环境指标、生长性能和屠宰指标均好于饲养密度为 6m²/头的肉牛。原因是在干燥天气条件下，低密度饲养时空气粉尘浓度较低，空气环境质量好。而高密度饲养降低了牛舍环境质量，空气环境的粉尘浓度与高饲养密度成正比。土壤水分、空气粉尘和泥浆积累度也与肉牛的运动轨迹关联，因此饲养密度显著影响牛体的清洁度。此外，高密度饲养的肉牛经历慢性应激，导致免疫抑制，增加疾病、打喷嚏和流鼻涕在干燥天气下的发生率，特别是在 6m²/头的饲养密度下，空气中灰尘的数量更多；但在雨天，由于空气质量得到改善，因此打喷嚏的次数减少。

3. 草地载畜量与管理　在以放牧为主的肉牛养殖过程中，需要根据草地面积、牧草质量等来确定饲养密度，以控制肉牛数量和牧草利用效率，达到预期生产目标。一般而言，牧场的恢复期与肉牛饲养密度成反比，饲养密度过高，牧场的恢复期较长；而饲养密度低，则牧场的恢复期较短。另外，连续放牧是一种更常见的管理方法，不涉及肉牛在不同的草场之间移动。在夏季牧草丰盛期，适度放牧有践踏牧草的浪费现象；但在总放牧面积相同、总饲养密度相同的条件下长期连续放养，比"适度放牧"获得了更好的生产性能。因此，在草场面积足够的条件下，肉牛自主连续放牧可获得更高的生产效益。

4. 饲养密度与管理　在夏季，饲养密度过高使舍内温度升高，容易加重肉牛的热应激，管理上应适当减少饲养密度。无论冬、夏季，设置运动场都可以缓解高密度饲养条件下肉牛的压力。牛棚利于舍外新鲜空气贯穿牛舍，保证舍内空气质量，减少有害气体浓度。

对用湿帘冷却降温的牛舍，夏季为了提高降温效果，减少了换气量，但往往增加了舍内湿度和有害气体浓度，在高密度饲养牛场须慎用。

三、饲养密度对行为福利的影响

高密度饲养通常会降低肉牛福利，但在生产中，肉牛育肥通常采用每栏饲养 4～12 头的群饲模式。母牛和犊牛的关系，也会受种群密度的影响。此外，牛群的威胁性、攻击性和战斗性等侵略性行为，也随着种群饲养密度的提高而增加，这些多余的能量消耗行为可能导致肉牛生产质量和数量下降。

1. 饲养密度与空间竞争　动物福利主张人类可以合理利用动物，但动物在生产生活中要免受不必要的痛苦。肉牛具有群居性，把其装入单栏则有违群居习性，诱发孤独感，显然有悖福利原则。但高密度群饲时，会增加肉牛争夺食物与饮水资源的竞争性。一方

61

面促进采食和饮水；另一方面延长了采食时间，减少了休息时间，产生了负面效果。在狭窄、单调的空间中，肉牛因走动、采食困难而欲求不满，转而攻击同伴，受攻击者往往是群体中的弱者，因挫败而自身运动、采食受到限制，从而降低生长速度。可见，高密度饲养时限制了肉牛行为。因此，为了肉牛福利和获得较高的经济效益，应保持合理的饲养密度。

2. 母牛饲养密度与福利 密度是影响肉牛福利和生产效率的管理问题。由于母牛缺乏，因此母牛培育问题就非常重要。在秋季断奶的小母牛通常与母牛饲养在一起，以利于秋、冬季的饲养管理。与自然放牧饲养的小母牛相比，在栏圈饲养的小母牛（每头占面积$11m^2$）体重增加更快，但心率也增加且休息时间较少。虽然舍饲小母牛的平均日增重较高，但妊娠率降低。因此，高饲养密度会损害小母牛的福利，影响其生殖器官发育。

试验表明，低密度放牧饲养的肉牛每周行走 1.97 万步，舍内高密度组（$14m^2$/头）每周行走 0.31 万步，虽然两组增重差异不显著，但低密度放牧且活动量增加，使血浆皮质醇浓度和热休克蛋白上升。但是表示慢性应激积累的皮质醇浓度在 98d 试验期后均显著降低，且因运动刺激改变了内源性阿片类物质的循环浓度，因此调节了促性腺激素的分泌，进而影响了低密度放牧母牛的初情期、周期性发情和生育能力。因此，运动可促进初情期肉牛的发育，有利于小母牛迎来良好的繁殖季节。可见，在母牛培育中应提供放牧地或运动场。

3. 育肥牛饲养密度与福利 在育肥牛饲养密度试验中，$32m^2$牛栏内分别饲养 2 头、3 头、4 头肉牛发现，春、夏季各组增重未见差异，母犊和公犊在秋、冬季高密度饲养下日增重显著增加，饲料转化效率提高。可见，高密度饲养组采食精饲料时间变短，具有竞争采食的效果，同时饮水时间增加。表明较高的群体规模下，$8m^2$/头的饲养密度比冬季 $3.6m^2$/头、夏季 $4.5m^2$/头更有利。

另外，饲养密度与进食次数呈反比，而与站立时间呈正比。因为肉牛对空间需求的竞争，限制了采食，提高了争斗次数，肉牛进食和反刍的时间减少，导致其无法正常采食与安静休息，以至于饲料消耗增多，体重增加减慢，饲料转化率降低，同时也降低了抗病力。

高密度饲养时，还会降低肉牛自身免疫力，增加疾病的发生比例。流鼻涕、淌眼泪、打喷嚏、咳嗽和发热是牛呼吸道疾病的典型症状，可由环境传染引起，易感牛的免疫系统会受到抑制。一般情况下，饲养密度越高肉牛的免疫力就越低，患呼吸道疾病的概率就越大。免疫受损的牛可能发展为继发性感染。

第二节　肉牛养殖模式与福利

饲养管理和饲养模式与肉牛福利息息相关。随着畜牧业集约化的发展，加之肉牛生长周期及产业链延伸，人们对肉牛福利的关注也越来越多，良好的福利环境更有利于肉牛生长繁殖，降低其应激水平，增强免疫机能，提高肉品质。

一、肉牛放牧及其福利

自由表达自然行为是动物福利追求的最高目标。舍饲限制了肉牛的自由，肉牛福利行为表达减少，加上人类的影响，因此肉牛福利水平下降。相较于舍饲饲养，放牧条件下，肉牛可表达的行为数量比舍饲饲养时明显增加。在西欧、澳大利亚和新西兰，肉牛放牧普遍存在，但为了农业生产的可持续发展，肉牛饲养模式逐渐向有利于水土保护的放牧模式转化。虽然各国进行肉牛放牧饲养的目的各异，但放牧改善肉牛福利的效果是一致的。

1. 运动量与健康　放牧条件下，增加自由运动，能促进阿片

类物质和促性腺激素的分泌，加快母牛的性成熟及生殖器官的发育。

放牧可以促进肉牛运动，而运动量的增加提高了肉牛应激系统的反应能力、抗氧化能力及免疫能力，有利健康。运动提高了机体的代谢速度，增加了 ATP 水平，提高了抗运输和屠宰的应激能力，屠宰后肉中鸟苷酸浓度翻倍，提高了牛肉的鲜味，延长了货架期。

2. 放牧肉牛的福利问题　在自然放牧条件下，人们认为肉牛实现了自由生活，达到了较好的福利水平。然而，肉牛在呼吸新鲜空气、自由表达自身行为时也可能受到寄生虫和恶劣天气环境的挑战。如在草原上夏季午后暑热难耐，牛虻也会出现，牛群恐慌导致肾上腺素浓度升高，放牧牛群抱团出现（更不易散热）竖尾巴并频繁煽动等现象，从而加重了热应激。而在舍饲条件下则更容易控制蚊蝇袭扰。

3. 自然放牧与环境保护　受自然环境的影响，我国草原的载畜量低、牧草质量差，且鼠害严重，过度放牧也导致草地沙化现象严重。近年来，为了遏制草原恶化，各级政府部门出台了相关政策，通过减少放牧牛、羊比例，改放牧为舍饲等，对保护草原和环境起到了重要作用。

4. 草地生态与动物福利　肉牛放牧使许多濒危动植物物种获得了保护，而过度放牧使草原退化，导致蝴蝶、维管植物、蝙蝠和节肢动物难以生存。

草原过度放牧会破坏天然草场，而禁牧、草原灭鼠等又进一步破坏了生物的多样性。因此，从"可持续发展"的角度考虑适度规模的草原放牧可以提高肉牛福利和恢复北方草原生态。

在我国南方，雨量充沛，秋季温度高，草原牧草恢复期短，因此可以适当提高肉牛的放牧密度。这样一方面，可尽早摆脱肉牛业对谷物精饲料的依赖，解决我国粮食短缺的问题；另一方面，放牧能提高肉牛福利，表达其自然天性，增加肉牛自身行为表达的方式之一。因此，在西南地区的农牧交错带和东南丘陵山地等雨水充足的地方，发展肉牛放牧大有前途。

二、肉牛舍饲及其福利

1. 哺乳与福利 犊牛出生后的第一天便可能与母牛分开，被人为地剥夺了母仔交流，哺乳也被限制总摄入量，导致营养供给不足，福利受到了严重限制。

在自然条件下，母牛分娩后至少前 2 周内会与犊牛在一起，每日哺乳多次。舍饲时许多肉牛场将犊牛与母牛在一起饲养，以提高犊牛对环境的适应能力，保持犊牛健康，为动物福利和动物伦理研究提供依据。但在肉牛生产中，为了降低成本，特别是在母牛饲养成本增加、种源匮乏的背景下，提前断奶和母仔分离可以增加产奶收益，但却影响肉牛福利。

目前，随着犊牛哺乳系统的研发，人们可以借鉴自然哺乳行为与生理特性，用犊牛哺乳系统饲喂犊牛，使犊牛的饲喂频率更多，就像被母牛喂养一样，犊牛每日可喝更多牛奶，而又不会出现消化问题。也可利用仿生乳头供犊牛吸吮，而不是从桶里喝奶，吮吸行为会促进消化酶释放，减少消化不良导致的犊牛下痢，降低犊牛应激，提高犊牛福利。另外，使用喂奶乳头比母牛乳头更卫生，实践证明通过此方式饲养的犊牛增重速度更快。可见仿生乳头对改善犊牛福利、减少下痢、增进健康、增加体重都有利。

2. 减少痛苦 动物福利允许人类合理地利用动物，但一定要减少动物生存与生产过程不必要的痛苦。例如，牛是大型动物，为避免牛角伤人，去角就是肉牛需要承担的痛苦，如何减轻去角痛苦则是肉牛福利方面的课题。在进行去角处理中，肉牛血浆中的皮质醇会大量增加，如果用局部麻醉则会阻止疼痛应激。然而，去角损

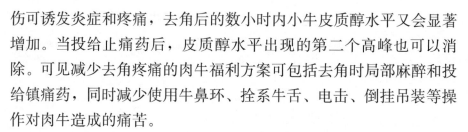

伤可诱发炎症和疼痛，去角后的数小时内小牛皮质醇水平又会显著增加。当投给止痛药后，皮质醇水平出现的第二个高峰也可以消除。可见减少去角疼痛的肉牛福利方案可包括去角时局部麻醉和投给镇痛药，同时减少使用牛鼻环、拴系牛舌、电击、倒挂吊装等操作对肉牛造成的痛苦。

3. 减少死亡率　减少肉牛死亡率既是生产需求，也是改善肉牛福利的技术措施。影响肉牛死亡率的主要因素有：①混群、运输、断奶、致残、堆压和被人员处理时造成的应激；②牛床、地板、氨、湿度、灰尘、高温和昆虫；③体质、气质和对疾病的易感性等；④传染病等，农场规模扩大似乎也增加了死亡率和发病率，如群体规模从 10 头增加到 15 头就会增加呼吸道疾病的患病率。

呼吸系统疾病是犊牛早期死亡的主要原因。尽管疫苗、抗微生物药物、抗炎药物研究及使用技术取得了巨大进展，但因此造成的发病率和死亡率并没有下降。制定的预防或防控方案，可以最大限度地减少由呼吸系统疾病和其他疾病引起的发病率及死亡率，从而最大限度地提高肉牛生产性能和胴体品质。犊牛岛隔离饲养模式就是有效控制犊牛呼吸道疾病和下痢的有效手段，牛棚群饲分单元饲养的效果也可以降低肉牛的死亡率，从而提高肉牛福利。

4. 疾病防治　蹄病是肉牛常发疾病，犊牛出生后 45d 内，在缝隙地板上饲养时可诱发蹄病而引起跛行，其发生率为 4.75%，且会增加死亡率；而饲养在稻草床面的肉牛，其跛行发病率为 2.43%。感染性外伤性足部皮炎的发生率占跛行的 42.6%，蜂窝组织炎症占 21.5%。因此，改善牛床结构与卫生是预防肉牛跛行、提高其福利的有效手段。

5. 高产与福利　生产中为了获得高产，人们会给母牛饲喂大量精饲料。但是精饲料采食过多会导致瘤胃酸中毒，使母牛陷于亚健康体况，导致利用年限下降，生产成本增加。虽然良好的生产成绩并不一定是良好福利的标志，但一个不争的事实则是肉牛生产性能显著提高，常常基于福利的改善。世界各地农场动物福利生产模式的案例，都以生产效率为标志，如利用年限、胎次、死亡率、淘汰率等。

6. 减少恐惧　饲养员对肉牛的态度与肉牛福利直接相关。肉牛舍内饲养时喂料和清粪都是机械化操作，减少了人和牛之间的互动。同时，饲养员不恰当的操作，也增加了肉牛对人的恐惧。例如，当有陌生人突然出现时，肉牛通常会表现出躲避、逃离、静止不动甚至瑟瑟发抖等行为；人的不良刺激，如突然奔跑、用力拍打肉牛也增加了肉牛对人的恐惧程度。反过来，若饲养员对牛轻拍和抚摸，则肉牛会感到舒服、愉悦。因此，减少肉牛恐惧也是提高肉牛福利的一项有力措施。

生产中通过相关操作可以改善肉牛福利。例如，为防止被牛踢，靠近牛时抵住其腰窝，使其没有抬腿空间；保定犊牛时托其颈部，轻抚其臀部，全身贴住犊牛侧面，让犊牛感觉到对自己无伤害。

随着自动化和智能化设备的应用，人与肉牛的接触次数越来越少，因此可以用另一项肉牛福利指标，即回避距离，来反映肉牛对人的恐惧程度。回避距离反映了肉牛与饲养人员的亲和度。当牛头部伸出围栏，处于料槽上方时，测试员需站在距离牛头部 3.5m 处，抬起胳膊，将手背对准牛鼻并以 0.6m/s 的速度向肉牛走去，当肉牛后退或者转头时停止脚步，并记录手背到牛头的距离，即为回避距离。回避距离越短，表明肉牛对饲养人员的亲和度越高，恐惧程度越低，同时也表明肉牛的福利状态越好。

第三节　肉牛饲养密度参数标准

对肉牛福利的关注点因人而异，其一要强调肉牛的基本健康和功能，尤其是免受疫病和伤害的侵扰，减少肉牛疫病风险既是改善

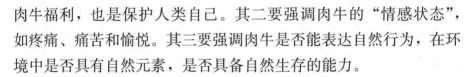

肉牛健康高效养殖环境手册

肉牛福利，也是保护人类自己。其二要强调肉牛的"情感状态"，如疼痛、痛苦和愉悦。其三要强调肉牛是否能表达自然行为，在环境中是否具有自然元素，是否具备自然生存的能力。

一、国外肉牛饲养密度相关标准

肉牛产业是畜牧业的重要组成部分，国外关于肉牛福利问题有大量的试验研究并有较为完善的福利保护组织及法律法规。由于国外肉牛饲养模式以围栏育肥为主且饲养水平较为粗糙，因此相关的福利研究主要集中在配套设备、运输及屠宰方面。大部分相关标准及指南只给出了肉牛最小占地面积或适宜饲养面积范围，只有澳大利亚规定了最大饲养面积。

1. 英国 英国皇家反虐待动物协会（Royal Society for the Prevention of Cruelty to Animals，RSPCA）给出的肉牛饲养标准（2010）是，不同阶段和体重范围的肉牛，最小总饲养面积范围为 $3.3 \sim 11.0 \mathrm{m}^2/$头（表 4-1），与中国标准化协会规定值接近但更详细。

表 4-1　英国肉牛饲养密度推荐标准

体量 （kg）	最小躺卧面积 （m²/头）	最小活动场地面积 （m²/头）	最小饲养总面积 （m²/头）
≤100	1.5	1.8	3.3
101~199	2.5	2.5	5.0
200~299	3.5	2.5	6.0
300~399	4.5	2.5	7.0
400~499	5.5	2.5	8.0
500~599	6.0	2.5	8.5
600~699	6.5	2.5	9.0
700~799	7.0	3.0	10.0
≥800	8.0	3.0	11.0

2. 澳大利亚　澳大利亚制定的肉牛饲养密度重点考虑了肉牛生长阶段及当地环境湿度。相关规定指出，饲养密度对肉牛场的环境有显著影响，会在一定程度上决定垫料或土壤中的平均含水量，即牛群通过沉积粪污（粪便和尿液）给地表增加水分，饲养密度的选择应综合考虑牛只体型及地表湿度。

澳大利亚《国家畜牧场业务守则》中建议，每个标准牛单位（指活重为 600kg 的肉牛）的最大饲养面积为 25m²。《澳大利亚牲畜福利标准和指南》（2013）规定，围栏中每头牛的最小饲养面积标准为 9m²。《肉牛饲养场：设计与建造》中指出，饲养密度需根据肉牛的大小和预期的牛舍类型进行选择。对于用牛舍饲养，建议饲养密度为 2.5~6.0m²/头；而对于用围栏育肥，建议饲养密度为 5.0~9.0m²/头。

3. 加拿大　加拿大《肉牛护理与饲养实用守则》中认为，肉牛饲养密度取决于饲料类型、饲喂频率、饲料量、有角牛的存在、肉牛大小和群体大小。围栏中肉牛饲养密度增加会导致个体间对饲料、水和休息区的竞争，而饲养密度减少会相应减少竞争，降低采食积极性。饲养密度的变化可能不会对占优势的牛只造成负面影响，但会直接影响弱势牛，并可能导致弱势牛饲料摄入不确定性和生长速度缓慢。

表 4-2　加拿大推荐的肉牛饲养密度（m²/头）

饲养模式	犊牛（182~363kg）	育成牛（363~545kg）
无运动场舍	1.8~2.8	2.8~3.8
有运动场舍		
舍内	1.4~1.8	1.8~2.8
平整运动场	3.8~4.60	4.6~5.6
不平整运动场	18.5~23	23~46
围栏育肥		
平整地面	4.6~5.6	5.6~7.4

（续）

饲养模式	犊牛（182～363kg）	育成牛（363～545kg）
不平整（有土丘）	14～28	23～46
不平整（无土丘）	28～56	37～74

大量的粪污排放会导致地面泥泞，增加肉牛活动的困难，并在活动过程中消耗额外的能量，减少收益。由此，在不平整地表的肉牛舍中应降低饲养密度，以尽量减少泥污的产生。通过比较不同国家和地区饲养密度标准可以看到，国外标准主要根据肉牛的不同体重范围、饲养方式、环境湿度等对饲养密度的限值或推荐值进行规定。我国相关标准对肉牛各生长阶段的推荐值划分还不明确，大部分只分为犊牛与育成牛两个粗略的范围，这虽然对肉牛场建造、实际生产有推荐指导作用，但难以满足当前规模化、集约化饲养模式的需求。同时，我国对饲养密度的确定因素仅停留在肉牛体重与阶段范围，而国外标准与指南中还额外指出了环境的重要性，环境湿度、地表条件对适宜饲养密度的选择也有部分影响。我国各地区气候条件差异大，因此更有必要根据不同生长阶段肉牛对空间大小的需求，结合具体的生产工艺和饲养环境条件，对各生长阶段肉牛适宜的饲养密度范围进一步研究，细化和完善我国肉牛饲养密度相关标准。

二、我国肉牛饲养密度标准

我国制定了行业标准《标准化养殖场 肉牛》（NY/T 2663—2014）和国家标准《良好农业规范》（GB/T 20014.7—2013），河北、云南、宁夏和新疆等省（自治区）也制定了相应的地方标准。

饲养密度与饲养模式有极大的关系。目前我国常见的肉牛饲养模式有放牧饲养、舍饲饲养、围栏育肥，其中舍饲饲养又包括拴系饲养与散栏饲养。饲养密度的确定需要考虑饲养方式。表 4-3 所示为我国各标准推荐的肉牛饲养密度。

表 4-3　我国相关标准推荐的肉牛饲养密度

标准名称和标准号	饲养方式	标准推荐值
《良好农业规范》 (GB/T 20014.7—2013)	舍饲	犊牛至少占 2.0m²/头，成年牛至少占 3.0m²/头
《标准化养殖场肉牛》 (NY/T 2663—2014)	舍饲	6～8m²/头
《肉牛养殖综合标准》 (DB53/T 247.2—2008)	舍饲	5～8 m²/头，其中卧床面积 2～3.5m²/头，卧床长 1.8～2.2m，宽 1.0～1.2m
《肉牛养殖场建设规范》 (DB13/T 681—2005)	围栏舍饲	8m²/头，卧床长 1.6～1.7m，宽 1.0～1.2m
《标准化肉牛场建设规范》 (DB64/T 756—2012)	舍饲	母牛 8m²/头，育肥牛 6m²/头，犊牛 3～4m²/头
《肉牛场圈舍建设规范》 (DB65/T 3279—2011)	舍饲	犊牛 3～4m²/头，育肥牛 4～6m²/头

在《肉牛场圈舍建设规范》（DB 65/T 3279—2011）中，还具体列出了各生长阶段肉牛的卧床尺寸（表 4-4）。

表 4-4　各生长阶段肉牛的卧床尺寸

牛别	长（m）	宽（m）	面积（m²/头）
成年母牛	1.60～1.80	1.10～1.20	1.80～2.20
围产期母牛	1.80～2.00	1.20～1.25	2.20～2.50
育肥牛	1.80～1.90	1.10	2.00～2.10
育成牛	1.50～1.60	1.00～1.10	1.50～1.80
犊牛	1.20	0.90	1.10

由表 4-3 和表 4-4 可知，目前我国关于肉牛饲养密度的划分标准主要与饲养阶段有关，随着体型及重量的增加，相应饲养密度减小。犊牛的饲养密度推荐值在 2～4m²/头，育成牛的推荐值在 3～8m²/头。需要注意的是，这一数值多为建造面积，包括舍内其他设施与布局的面积，相应肉牛实际饲养面积应稍低于标准推荐值。拴系式牛舍中的卧床面积范围为 1.1～3.5m²/头。

除以上各标准外，中国标准化协会基于农场动物福利理念制定了《农场动物福利要求：肉牛》（CAS 238—2014），根据体重不同给出了舍饲及半舍饲生产条件下每头肉牛的最小活动面积和最小卧息面积（表4-5）。

表 4-5　每头肉牛的最小空间需要

体重（kg）	最小活动面积（m²）	最小卧息面积（m²）	最小总面积（m²）
<100	1.5	1.8	3.3
100～300	2.5	2.5	5.0
300～500	3.5	2.5	6.0
500～700	5.5	2.5	8.0
>700	7.0	3.0	10.0

三、肉牛饲养密度参数推荐值

结合我国肉牛饲养特点及国内外肉牛饲养密度的研究数据和相关标准，按拴系舍饲、散栏舍饲、围栏育肥3种不同饲养模式，归纳我国集约化肉牛场适宜的饲养密度推荐范围，制定推荐值，旨在提升肉牛的健康福利与生产水平，而实际生产中的具体值应根据当地气候类型、地理位置、生产管理水平、投入资金等实际情况进行适当调整。

1. **拴系舍饲**　拴系式饲养对饲养密度没有严格要求，因为肉牛位置被固定，采食空间也被限定，互相干扰比较小，其饲养面积主要与卧床尺寸相关。卧床尺寸受肉牛体尺的影响，由此根据肉牛体重范围结合表4-4最小卧息面积给出相应卧床尺寸推荐值（表4-6）。

表 4-6　拴系饲养肉牛卧床尺寸值推荐

牛别	长（m）	宽（m）	面积（m²/头）
犊牛	1.20	1.00	1.20

（续）

牛别	长（m）	宽（m）	面积（m²/头）
育成牛	1.50～1.60	1.00～1.10	1.50～1.80
成年母牛	1.60～1.80	1.10～1.20	1.80～2.20
育肥牛	1.80～1.90	1.10～1.20	2.00～2.30
围产期母牛	1.80～2.00	1.20～1.25	2.20～2.50

2. 散栏舍饲 散栏舍饲的饲养模式在我国较为常见，但标准中的相关规定则较为宽泛。根据饲养肉牛体重范围进行细化，推荐值见表4-7。

表4-7 散栏饲养肉牛场饲养密度参数推荐

体重（kg）	舍饲（m²/头）	舍内（m²/头）	运动场（m²/头）
＜100	3.0	1.4～1.6	2.0～3.5
100～300	6.0	1.6～1.8	3.5～5.0
300～500	8.0	1.8～2.0	5.0～6.5
500～700	9.0	2.0～2.5	6.5～8.0
＞700	10.0	2.5～3.0	8.0～9.5

3. 围栏育肥 围栏育肥模式受环境温度的影响很大，相应饲养密度也需根据气候等因素进行调整。在寒冷季节可适当提高牛群的饲养密度，在炎热季节则需要适当降低牛群的饲养密度。这主要是考虑牛舍保温和降温的关系，育肥牛的饲养面积控制在5.0～9.0m²/头即可（表4-8）。

表4-8 围栏育肥肉牛场饲养密度参数推荐

体重（kg）	饲养密度（m²/头）
100～200	5.0
200～300	6.0
300～400	7.0
400～500	8.0
＞500	9.0

第五章
肉牛饲养环境管理案例

我国幅员辽阔，由南向北包含热带、南亚热带、中亚热带、北亚热带、暖温带、中温带和寒温带等气候区。我国肉牛生产的东北区为中温带；中原区为暖温带，农副产品资源丰富；肉牛生产的西北区为温带大陆型气候，干旱缺水限制了草原畜牧业的发展；而西南区为中亚热带和南亚热带区，多雨，饲草资源丰沛，具有发展肉牛生产的潜力。以水稻作为主要农作物的江南丘陵、闽粤丘陵到雷琼地区为中亚热带和边缘热带区，耐热性的南方黄牛常分布于此。

新疆和蒙西高原的荒漠饲草气候系统、藏北海西的寒旱饲草气候系统、农牧交错带草原饲草气候系统和冷湿饲草气候系统，受降水量及温度的影响，这些地区的饲草自然产量远不足 6t/hm²，不具备发展人工草地的条件，现阶段也没有适宜的高产饲草作物产量能达 6t/hm²。因此，只能维持天然草场适度规模放牧肉牛和舍饲肉牛生产相结合的状态，肉牛的可持续发展需要走与天然草场生态保护相依托的生态友好型道路。东北区和中原区均位于温湿饲草气候系统，温度、水分条件良好，潜在饲草作物产量＞6t/hm²，具有发展人工草地的基础，适宜的作物种类也很多。其中，饲料玉米由于产量高、质量好，因此是饲养肉牛的首选。加上国家近年实施的"粮改饲"政策，包括粮食生产所得的副产物，明显具备大力发展肉牛产业的潜能。南方为暖湿饲草系统,适宜发展以高产饲草作物为支持的规模化肉牛生产。

第一节　热带地区牛舍环境系统

我国雷州半岛、海南岛和台湾岛都是温湿牧草气候系统,位于热带边缘。雷琼牛主要分布于广东省雷州半岛的雷州市和徐闻县,以及海南省的琼山区。因长期生存于此,所以肉牛能适应当地气候,具有良好的耐热性。广东省和海南省的肉牛生产都是围绕雷琼牛展开的,引入西门塔尔牛、利木赞牛、安格斯牛和澳大利亚和牛杂交后增重速度得到了提高。但南方热带地区肉牛生长速度慢,即便引进良种来"改良"地方品种,但由于 F_1 代杂交肉牛的出生重较大,因此增加了难产比率。同时,大型肉牛品种的改良也降低了南方黄牛的肉质(视频1)。

视频1

一、热带地区的牛舍小气候

湛江地区属于热带季风气候,牛舍为双坡式无隔热层的单层铁皮棚顶牛舍,肉牛散栏饲养。牛舍四周既种植了牧草,又有椰树遮阴。

1. 绿地与遮阴　绿化带农业具有包括气候、土壤类型和自然地理方面的优势。一方面,草坪和土壤可以通过蒸发来冷却空气;另一方面,裸露的土壤可以吸收更多的太阳辐射热,造成局部高温。晴天,因绿化带来的降温效果可使气温降低4℃,裸露地面的温度比气温高6℃以上,砖石结构地面的温度可超过气温20℃以上(图5-1)。如果有树木遮阴和牛棚遮阴,则可以产生气流,通过增加空气循环来降温。

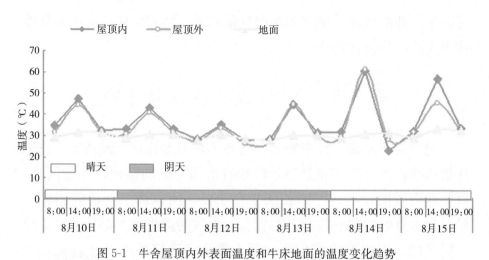

图 5-1　牛舍屋顶内外表面温度和牛床地面的温度变化趋势

2. 牛棚的作用　牛棚可遮阴、防雨，但其遮阴效果并不明显。由图 5-1可知，屋顶内外表面温度相差 0.8℃。图 5-2 所示牛舍的屋顶为单层铁皮结构，热阻低，隔热能力差，其主要作用在于阻断太阳的直射。阴天牛体散热量能左右舍内的小气候，屋顶内表面温度高于外表面，晴天的中午屋顶外表面温度高于内表面。由于阵雨的原因，因此屋顶外表面温度低于内表面 5.2℃。牛舍的地面是牛

图 5-2　湛江雷州某牛场场区

床，即肉牛生活的区域温度比舍外仅低 0.6℃。阴天时为 26.1～30.6℃，昼夜温差小；晴天则温度升高，为 27～33.7℃，昼夜温差高达 6.4℃。

3. 棚舍空气卫生环境 牛舍内 PM10 的浓度为 0.073～0.271mg/m³。晴天时，PM10 浓度随风速的增加而降低；阴天时，风速对 PM10 浓度无明显影响。风机换气量的范围为 2 424～6 408 m³/h，晴天较大，为 0.95～1.30m/s。

二、舍饲环境与肉牛生产性能

热带区域内的牛舍建筑一般为东西走向，朝南偏东 17°，总长 60m，跨度 10m，棚顶高 4.5m，檐高 2m，可饲养 100 头以下体重为 250kg 左右的后备牛（图 5-3）。夏季气流影响下肉牛的体感温度范围为 25～30.5℃，低于舍内气温，特别是晴天的气流显著减弱了高温对肉牛的影响。

图 5-3 雷南牛单层铁皮牛棚

雷南牛为雷州牛与南德文牛杂交的后代，既保持了雷州牛耐热、耐湿、抗病力强、耐粗饲、性情温顺等优良特性，又改良了其体格小、个体产肉量低的不足，兼具生长发育速度快、肉质鲜嫩、屠宰率高、净肉率高等优点，表现出了明显的杂交优势。

对我国部分肉牛品种的产肉性能比较得知，尽管雷州牛和大理牛的初生体重相同，但大理牛 24 月龄体重比 18 月龄的雷州牛还低（表 5-1）。甘南牛 18 月龄体重，公、母牛分别为 156kg 和 145kg，而雷州牛体重可达 250kg 和 237kg。雷南牛公、母牛的体重在 18 月龄可分别达到 477kg 和 462kg，因此雷南牛育肥效果较好，杂交优势明显。

表 5-1　不同品种牛从初生至 24 月龄体重比较（kg）

省份	体重		初生	6 月龄	12 月龄	18 月龄	24 月龄
广东	公	雷南	25	140	300	477	
		雷州	14	78	160	250	
	母	雷南	23	138	290	462	
		雷州	12	78	155	237	
云南	公	西大	26				301
		大理	14				230
	母	西大	22				271
		大理	12				174
甘肃	公	南黄	23	95	133	260	
		甘南	16	66	86	156	
	母	南黄	19	88	122	232	
		甘南	16	60	78	145	

甘南牛及其杂交牛的生产成绩均低于雷州牛，更落后于雷南牛。

第二节　亚热带地区肉牛饲养环境

湘、赣、闽、滇、川及东南和西南地区都属于中亚热带季风气候区，温湿牧草气候系统适合规范人工草场建设，以推动草食家畜的发展。诸多中国黄牛生存在此区域，是西南地区肉牛的主产区。在云南省草地动物科学研究院的带动下，肉牛新品种的培育成功带动了西南地区肉牛的发展。湖南和江西两省也为肉牛产业的发展带来了新契机（视频 2 和视频 3）。

视频 2

视频 3

一、云南省肉牛饲养与牛舍环境

1. 草业支撑肉牛发展 云南省肉牛存栏量稳步增长，2019 年存栏量位居全国第 1 位，出栏量位居全国第 4 位，产肉量位居全国第 7 位，肉牛产业已经成为云南省畜牧业的重要组成部分。在我国西南地区，拥有天然草场 2.29 亿亩*，居全国第 7 位，居南方地区第 2 位。有万亩以上连片草场 1 177 块，其中，5 万～10 万亩连片 21 块，10 万～20 万亩连片草场 9 块，20 万亩以上连片草场 5 块。近几年，在草原生态补奖政策和相关项目的带动下，云南省较好地落实了禁牧休牧、划区轮牧和草畜平衡制度，使得可食鲜草产量大幅提升，天然草原载畜能力显著增强，人工草地亩产鲜草可达到 1 500kg，天然草场亩产鲜草可达到 650kg，分别高于全国平均草产量的 35％和 30％。

2. 新品种助力肉牛发展 云岭牛是由 50％的婆罗门牛（印度瘤牛）、25％的莫累灰牛（安格斯和短角牛灰毛 13 头后代育成）和25％的云南黄牛血缘组成经过多年选育的我国自主培育品种。云岭牛在保留云南本地黄牛适应性强、耐粗饲、口感好等优良特性的基础上，弥补了云南本地黄牛体型偏小、生长速度慢、产肉率低等缺陷，又融合了婆罗门牛抗热、抗寄生虫能力强等优良特性。云岭牛

---

* 亩为非法定计量单位。1 亩≈666.67m²。

核心育种场见图5-4。

图5-4 云岭牛核心育种场

3. 牛舍类型与环境 云岭牛核心育种场（图5-4）采用大跨度多列式棚舍结构，自然通风，肉牛单栏饲喂，下设电子地磅可按期称重，缝隙地板，暗沟机械刮板清粪。大跨度棚舍，舍内外温度相差4.7~9.3℃，黑球温度低。舍内风速与温差相关，舍外风速未变，中午温差大，舍内风速提高0.2m/s，风速大，换气量多，空气质量良好（表5-2和图5-5）。NH_3浓度在刮粪前为8mg/m^3，刮粪中最高达11mg/m^3，刮粪10min后可恢复刮粪前水平。CH_4的浓度与NH_3的相似，10min可换气1次。牛舍内空气质量好，有利于肉牛健康。

昆明四季如春的气候有利于肉牛生产，同时机械清粪能及时清除粪便，舍内NH_3远远优于国家推荐的标准，既有利肉牛健康生产，也能保证种质测定的准确性。

表 5-2　云岭牛舍温热环境

项目		DBT（℃）	WBT（℃）	黑球温度（℃）	风速（m/s）
9：00	舍内	19.3±2.2	10.0±0.9	21.8±4.5	0.7±0.5
	舍外	24.0±3.0	11.8±1.8	25.9±5.7	1.0±0.8
14：00	舍内	19.2±3.0	10.0±0.6	23.8±5.7	0.9±0.6
	舍外	28.5±2.3	11.3±1.5	31.9±2.1	1.0±0.6

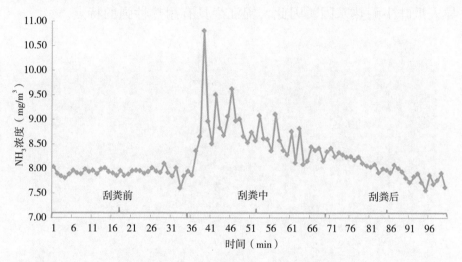

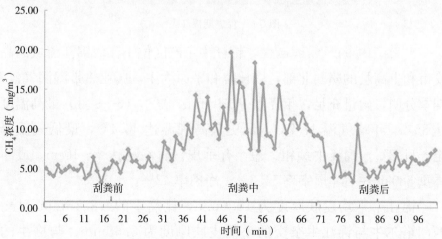

图 5-5　机械刮粪对牛舍 NH_3 和 CH_4 浓度的影响

二、江西省的肉牛生产

全基因组分析表明，普通牛与瘤牛分开的历史发生于 20 万年前，而锦江牛（图 5-6）是含有瘤牛血统的中国黄牛的一种，与印度瘤牛在史前 3 万年就分开了，在 3 000 年前通过与爪哇牛杂交而导入爪哇牛耐热基因。因此，锦江牛具有耐热性强的特点。

图 5-6　育成期锦江牛

1. 锦江牛的气候适应性　锦江牛主产区位于江西锦江流域的高安市和上高县的赣西北部，以丘陵和平原为主，属亚热带湿润气候，四季分明，雨量充足，年降水 1 539 mm。夏季（6—9 月）最高温度达 35℃，年均气温 17.7℃，历史最高气温达 40.4℃，最低气温降至 −11.2℃。锦江牛颈粗、短，有垂皮，肩峰高达 8～10cm。成年体重 380kg 左右，屠宰率 54.3%，净肉率 42%。

锦江牛平均皮肤厚度为 10.6mm，比瘤牛的（8.15mm）厚。西门塔尔牛与锦江牛杂交的牛的皮肤厚度为 8.68mm，与瘤牛的（8.15mm）相似。锦江牛及其与西门塔尔牛杂交的后代各部位皮脂腺的平均深度、密度和分泌直径均大于延边牛，皮脂腺发达，有助于在炎热干燥时维持皮肤的保水性能，促使汗腺更加发达。夏季汗腺细胞凋亡更新速度加快，以维持蒸发功能，而皮脂腺未见季节性变化。锦江牛及其杂交后代的发汗能力高于普通牛，适应亚热带气候。

2. 饲草资源与肉牛生产　锦江牛在江西省吉安市、宜春市和赣州市 3 个肉牛片区，吉安市肉牛存栏量 79.15 万头，出栏量 36.47 万头；宜春市肉牛存栏量 82.19 万头，出栏量 40.8 万头；赣州市肉牛存栏量 70.90 万头，出栏量 25.48 万头。养牛数量在 1 000 头以上的规模牛场，人工草场面积均在 1 000 亩以上。

3. 夏季通风降温系统　在高安国家肉牛牦牛产业技术体系试验示范站（以下简称"高安试验站"）开展的横向交互送风系统、接力送风系统、正压加湿冷却风管送风系统、冷风机系统等方面的试验研究，取得了较好的成果，为我国南方农区肉牛生产提供了良好的数据支撑。

4. 牛舍结构变迁　高安试验站牛舍有 2000 年前建设的双坡式半开放式牛舍，牛栏为中间过道拴系式牛舍；以及 2012 年前修建的双坡式半开放式牛舍，牛栏为中间过道的双列式散栏，具有明沟机械刮粪板；2016 年后又修建了大跨度散栏牛舍。三类牛舍均有卷帘，冬季可从上部进气。

第三节　中原暖温带地区肉牛生产

中原地区曾是传统农耕地区，实行农业机械化后，耕牛数量减少，如今母牛匮乏，农牧脱节。现暂存皖东牛、南阳牛和鲁西牛等地方品种，也有我国培育的第一个肉牛品种——夏南牛。而如何借"粮改饲"和农业农村产业创新发展政策，恢复母牛数量是中原地区肉牛发展的重中之重（视频 4）。

视频 4

83

一、安徽省牛舍结构与饲养环境

皖北地区饲养的肉牛品种以鲁西牛和西门塔尔牛为主，占安徽省的80%左右。而凤阳皖东牛、皖西安庆的大别山牛和皖南黄山小黄牛都属于南方黄牛。

1. 安徽省肉牛生产现状 2005年安徽省出栏肉牛250万头，牛肉产量为35万t。2006年肉牛出栏量直降至117万头，产牛肉17万t，此后稳定在此水平之上。2017年安徽省肉牛产业链各环节利益分配是：销售环节占5.05%，屠宰加工环节占3.98%，饲养环节仅占0.25%。因饲养环节的低利润限制了肉牛生产的发展，所以加工企业改从外省调牛屠宰，进口牛肉加工。为了改善肉牛产业现状，安徽省较早地购置了现代化的肉牛屠宰设备，但受牛源数量减少的影响，目前屠宰的主要是青海犏牛、新疆红牛、北方淘汰奶牛及对进口牛肉分割。

2. 皖东牛生产现状 皖东牛赖以生活的环境是宜林宜牧的丘陵地带，有林、有草、有山、有水，主产区85%的肉牛依旧在此环境中繁衍生息。皖东牛具有出肉率高、优质肉品出产比例大、肉品质量高等优点，可满足高档牛肉消费市场需求。24月龄前母牛体重和体长处于快速增长阶段，拐点出现在200kg、16月龄时。24月龄体重为277kg，36月龄体重为353kg，48月龄体重为403kg。

安徽省适合发展人工草场，若能推进草产业发展，以草养肉牛，充分发挥生态资源优势和肉牛先进生产技术的推广应用，将能推动该省肉牛生产实现新的突破。

3. 牛舍结构与饲养环境 安徽省内的牛舍多为钟楼式单层彩钢板棚舍，长110m，跨度12m，屋顶高5m，檐高4.5m，钟楼高5.6m，坡度15%，钟楼换气口高0.6m。冬季用卷帘防寒。双列式拴系饲养，中间为饲喂通道（图5-7）。由于屋檐高4.5m，钟楼高

5.6m，被太阳辐射加温升高的屋面加热单层彩钢瓦，测定期间屋顶内表面温度接近 50℃时，舍内温度为 35℃。当屋顶高度大于3.5m 时，在亚热带地区，由于防寒压力小，因此可以使用单层彩钢瓦屋面建牛舍。如图 5-8 所示，牛舍内气温随舍外气温变动而变动，舍外气温每升高 1℃，舍内气温升高 1.03℃，这时棚舍换气量大，空气质量良好。

图 5-7　钟楼式卷帘牛舍

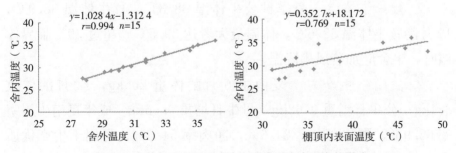

图 5-8　舍外气温和屋顶内表面温度对舍内温度的影响

4. 卷帘作用　在冬季，钟楼式单层彩钢板牛舍（图 5-7）舍内温度范围为－1～7.5℃，平均温度 3℃。舍外温度范围（－5～

5℃）平均温度 0.2℃。舍内温度高于舍外 2℃左右。相对湿度的变化幅度较大，早晚湿度较高，中午较低。舍内风速为 0.2～0.4m/s，舍外风速为 1.01～2.53 m/s。PM10 浓度为 0.161～0.307mg/m³。NH_3 平均浓度为 2.41mg/m³，最高浓度为 3.33mg/m³，优于环境质量标准。牛舍内换气量随着季节和卷帘的使用而变化，夏季换气量为 6 395～32 988m³/h，冬季为 554.7～2 177.8 m³/h。可见卷帘降低了换气量，减少了风速，但保温效果仅提高了 2℃，使得早晚相对湿度达 90% 以上。鉴于卷帘的保温作用甚微，因此可以根据风向将某一侧卷帘卷起，以增加换气量，降低空气湿度。

二、河南省牛舍结构与饲养环境

2018 年，河南省泌阳县夏南牛存栏量 38.5 万头，出栏量 25.3 万头，产值逾 150 亿元，增加当地 10 万人就业，成为带动农户增收、助推县域经济发展、促进乡村振兴的第一支柱产业。

1. 牛场场址选择与牛舍结构 夏南牛核心育种场位于绿化良好的高坡上，牛舍跨度不足 10m，推拉窗组成南北两侧壁，夏季通风良好，冬季舍内阳光充足，屋顶隔热不滴水，牛床高燥（图 5-9）。

2. 夏南牛体温 夏季种公牛体温 38.3℃，犊牛体温 38.9℃；10 月龄犊牛体温 38.6℃，体温最大者达 39.5℃。超过 39℃临界体温时，牛舍应加装风扇降温。

3. 夏南牛生产力 夏南牛 6 月龄体重 205kg，12 月龄体重 304kg；公牛日增重 0.62kg，母牛日增重 0.56kg。成年夏南牛屠宰率 65.9%，胴体产肉率 84.6%，净肉率 54.5%。可用于生产优质高档牛肉。母牛一次情期受胎率 75.2%，一年四季各月间无差异。

4. 简易牛舍与环境 夏南牛牛舍为南北走向的双坡式彩钢板牛舍，彩钢板下面用锡箔纸和岩棉制成隔热层。牛舍长 80m，跨度 11.4m，屋顶高 4.5m，檐高 3m，坡度 15%。对头双列拴系饲养，中间为饲喂通道，通道两边设有两列高约 0.5m 的饲槽（图 5-9）。

图 5-9　拴系饲养的夏南牛牛舍

舍内温度变化范围为 23.0~29.5℃，温差为 6.5℃。29℃以上的高温仅出现在每日的中午。舍内相对湿度变化范围较大，中午湿度较低，早晚湿度高。舍内风速为 0.33~1.26m/s。PM10 浓度的大小受到风速和湿度的影响。该类型牛舍中 PM10 浓度均远低于动物卫生学标准。THI 保持在 74~80，处于热应激的临界状态，但考虑了风速影响的体感温度的变化范围为 23.3~26.8℃，降低了近 3℃。

5. 屋顶隔热作用　棚顶内外表面温度的变化趋势一致，早、晚温度低，中午温度高，中午棚内外表面温差最大可达 19℃（图 5-10）。早晨、中午外表面温度高于内表面，晚上内表面温度高于外表面。根据表面温度计算的辐射热也反映出相同的规律。屋顶有

图 5-10　屋顶隔热简易牛棚

隔热层的牛舍，虽然可延迟舍内温度的上升，但是夜晚降温速度也慢。如果有运动场，在晴天傍晚可以在运动场降温。

冬季牛棚外表面温度范围波动很大，日温差可达 20℃；棚内表面温度范围波动较小，是因为棚顶的隔热材料发挥了防寒保温的作用。

第四节　寒带地区肉牛生产

视频 5

在我国东北肉牛生产区，以饲养西门塔尔牛为主。西门塔尔牛是原产于荷兰、德国的乳肉兼用品种，我国引进后，以蒙古牛和三河牛的杂种牛为母本，级进杂交三代形成了具有我国特色的乳肉兼用品种（视频 5）。

一、肉牛放牧生产

1. 放牧降低成本 2015年我国有西门塔尔牛75万头，其中母牛瘦、肉牛肥的科尔沁的草原类型占24.8%。图5-11所示，低成本放牧母牛生产是东北肉牛生产的主要模式，科尔沁草原的分散型母牛生产也为我们积累了宝贵的经验。

图5-11 科尔沁草原的肉牛放牧生产

2. 贫瘠草地放牧肉牛 科尔沁草原的西辽河地区降水量少，蒸发量大，又称科尔沁沙地，草地品质不如呼伦贝尔草原，生产力低，只有合理轮牧才可保持草原畜牧业优势。在裸露地区建立肉牛饲喂场，能降低草原过牧压力（图5-12）。由于肉牛无门齿，只能用舌头卷食长草，不能啃食草根等，因此可以用适度放牧肉牛来涵养草地。科尔沁沙地土壤上的优势灌木有山杏、小叶锦鸡儿、查巴嘎蒿、冷蒿、铁杆蒿和东北木蓼等，优势草本植物有羊草、狗尾草、尖头叶藜、又分蓼、猪毛菜和虫实等。低湿地分布于坨间甸子中，土壤基质为草甸土，以苔草、羊草、香茅和鹅绒委陵菜、蒲公英为优势草种。

尽管春季牧草量少，但是肉牛也有一定的喜好选择性，其喜好顺序为香茅＞蒲公英＞马蔺＞芦苇＞苔草。香茅和蒲公英虽

然相对生物量较少，但它们含水量较高，适口性好，肉牛愿意采食，因此食性选择指数最高。马蔺虽然相对生物量少，但选择指数较高，被采食的概率增多与其有较高的高度和覆盖度有关。

图 5-12　科尔沁草原肉牛饲喂场

二、肉牛舍饲生产

1. 延边牛生产　延边牛主要分布于吉林省延边自治州、牡丹江市、佳木斯市和宽甸县，体格方正，比蒙古牛宽，被毛长而细，是我国五大黄牛品种之一。

2017 年延边州肉牛存栏 42.3 万头，能繁母牛 21.5 万头，几乎占存栏总量的 50%，出栏 18.9 万头，产牛肉 2.7 万 t，发展潜力颇大。延边牛以舍饲为主、放牧为辅。图 5-13 为放牧的延边牛。

2. 和牛发展模式　龙江元盛公司从澳大利亚和新西兰引入纯种和牛繁育至今，现有纯种和牛 8 000 头，存栏种公牛 134 头。龙江县肉牛改良 5 万头，外埠 5 万头。

图 5-13　放牧的延边牛

黑龙江省冬季的肉牛舍普遍存在气温低、湿度高、空气质量差等问题，原因有：①牛舍围护结构保温性不好；②通风换气系统设计不完善；③环境管理措施不到位。

肉牛舍常采用钟楼式彩钢结构的妊娠牛舍（图 5-14）和双坡式砖混结构的育肥牛舍。妊娠牛舍舍内平均温度为 $-14.1℃$，温度较低；平均相对湿度为 87.1%，较标准值略高，风速及 CO_2 和 NH_3 浓度均适宜妊娠牛生产。育肥牛舍舍内平均温度为 $-1.6℃$，平均相对湿度为 100%，严重超标；舍内风速 <0.1 m/s，CO_2 和 NH_3 浓度较高，不利于肉牛健康。原因是妊娠牛舍保温层薄、门窗密封不严，育肥牛舍通风管数量设计不足，新设计牛舍依然存在设计与管理问题。为解决此问题，可以通过改纵向贯通钟楼式屋顶为双坡式牛舍，减少热空气的换出量，将采光带减少 2/3 有利于隔热保温；同时，要防止窗面出现冷凝水，以免降低空气湿度。

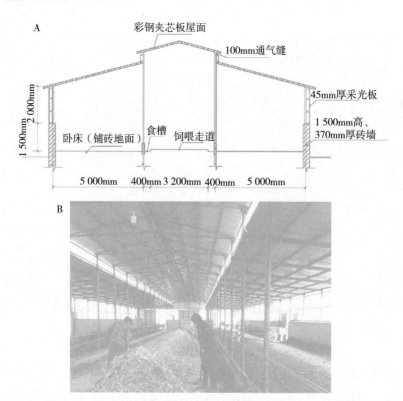

图 5-14　钟楼式彩钢结构妊娠牛舍设计图（A）和实物图（B）

主要参考文献

陈栋，2018. 安徽省肉牛产业链整合研究 [D]. 合肥：安徽农业大学.

陈丽媛，洪小华，颜培实，2015. 我国南方冬季和夏季肉牛体感温度研究 [J]. 畜牧与
　　兽医，47（2）：40-44.

陈昭辉，刘玉欢，吴中红，等，2017. 饲养密度对饲养环境及肉牛生产性能的影响 [J].
　　农业工程学报，33（19）：229-235.

陈昭辉，庞超，刘继军，等，2015. 基于水温对肉牛生长性能影响的冬季恒温饮水系统
　　优选 [J]. 农业工程学报，31（24）：212-218.

崔志浩，魏明，颜培实，2018. 皖东牛对湿热气候适应的散热调节特征 [J]. 畜牧与兽
　　医，50（6）：25-28.

邓书辉，2015. 低屋面横向通风牛舍环境数值模拟及优化 [D]. 北京：中国农业大学.

付云宝，付蔷，何开兵，等，2016. 冬季犊牛饲养环境控制技术研究 [J]. 黑龙江畜牧
　　兽医（6）：77-79.

高玉红，曹玉凤，李建国，等，2013. 河北省不同建筑类型的肉牛场舍内外有害气体的
　　比较研究 [J]. 河北农业大学学报，36（1）：100-104.

龚飞飞，孙斌，余雄，等，2013. 吸附剂 GY-1 对牛舍内 NH_3 吸附性能的研究 [J]. 新
　　疆农业大学学报，36（1）：7-11.

洪小华，黄彪，颜培实，等，2012. 屋顶隔热奶牛舍内的温热环境分析 [J]. 畜牧与兽
　　医，44（10）：33-36.

洪小华，魏天盛，万江虹，等，2012. 湛江地区肉牛棚舍环境评价 [J]. 畜牧与兽医，
　　44（8）：25-29.

黄必志，王安奎，金显栋，等，2014. 云岭牛新品种的选育 [C]. 第九届（2014）中国
　　牛业发展大会论文集，中国畜牧业协会：129-139.

贾鼎锌，2019. 不同温度对秦川牛行为及血液生理生化指标的影响 [D]. 杨凌：西北农
　　林科技大学.

李婧，颜培实，2015. 饮水温度和环境因素对冬季肉牛产热量的影响 [J]. 畜牧与兽医，
　　47（5）：38-41.

凌小凡，邵广龙，刘玉欢，等，2019. 饲养密度对夏季肉牛生产、福利及环境的影响

［J］.黑龙江畜牧兽医（9）：56-59，63.

刘明，张恩平，宋宇轩，2019.牛舍有害气体排放规律及减除措施研究进展［J］.家畜生态学报，40（5）：76-81.

栾冬梅，齐贺，张永根，等，2013.寒区温室型犊牛舍的设计与应用效果［J］.农业工程学报，29（4）：195-202.

栾冬梅，赵靖，冯春燕，等，2011.黑龙江省不同类型肉牛舍冬季环境的研究［J］.东北农业大学学报（42）：66-70.

莫靖川，覃志贵，鄢航，等，2017.生态养殖模式对夏南牛生长与繁育性能的影响［J］.中国畜牧杂志，53（7）：119-123.

牛欢，张政，颜培实，2015.冬季机械清粪牛舍与人工清粪牛舍空气环境分析［J］.畜牧与兽医，47（6）：26-31.

祁兴磊，赵太宽，王之保，等，2015.夏南牛高档牛肉屠宰试验报告［J］.中国牛业科学，41（6）：49-53.

孙秀玉，王之保，李静，等，2018.夏南牛体温、心跳、呼吸生理指标测量试验研究（二报）［J］.中国牛业科学，44（5）：36-38.

孙妍，陈昭辉，刘继军，等，2018.北方不同类型肉牛舍冬季环境状况比较研究［J］.黑龙江畜牧兽医（24）：46-49，258-259.

万江虹，江富强，余群力，等，2015.雷琼牛脏器活性物成分分析［J］.中国牛业科学，41（1）：50-54.

王深圳，柳卫国，颜培实，等，2017.夏季和冬季肉牛棚舍发酵床饲养模式的研究［J］.畜牧与兽医，49（9）：38-41.

熊浩哲，陈昭辉，刘继军，等，2019.张掖地区围栏育肥牛场防风墙后不同风速对肉牛场环境及肉牛生产性能的影响［J］.中国畜牧杂志，55（5）：107-111.

张志宏，郭杰，李旭光，等，2018.中国西门塔尔牛（草原类型群）品种资源调查报告［J］.畜牧与饲料科学，39（1）：79-81.

仲庆振，周海柱，娄玉杰，等，2010.夏季不同类型牛舍内环境的比较研究［J］.黑龙江畜牧兽医（12）：73-74.

European Food Safety Authority, 2012. Opinion on the welfare of cattle kept for beef production and the welfare in intensive calf farming systems ［J］. EFSA Journal, 10 (5): 2669.

Holmes C W, McLean N A, 1975. Effects of air temperature and air movement on the heat produced by young Friesian and Jersey calves, with some measurements of the effects of artificial rain ［J］. New Zealand Journal of Agricultural Research, 18 (3):

277-284.

Lee S M，Kim J Y，Kim E J，2012. Effects of stocking density or group size on intake，growth，and meat quality of Hanwoo steers（*Bos taurus* coreanae）［J］. Asian-Australasian Journal of Animal Sciences，25（11）：1553-1558.

Macitelli F，Braga J S，Gellatly D，et al，2020. Reduced space in outdoor feedlot impacts beef cattle welfare［J］. Animal，14（12）：2588-2597.

Webster A J F，1970. Prediction of the heat loss from cattle exposed to cold outdoor environments［J］. Journal of Applied Physiology，30：684-690.

Wu S P，Zhang Y J，Schow J J，et al，2017. High-resolution ammonia emissions inventories in Fujian，China，2009—2015［J］. Atmospheric Environment，162：100-114.

图书在版编目（CIP）数据

肉牛健康高效养殖环境手册 / 颜培实等主编 . —北京：中国农业出版社，2021.6
（畜禽健康高效养殖环境手册）
ISBN 978-7-109-28650-4

Ⅰ.①肉… Ⅱ.①颜… Ⅲ.①肉牛－饲养管理－手册 Ⅳ.①S823.9-62

中国版本图书馆 CIP 数据核字（2021）第 158085 号

中国农业出版社出版
地址：北京市朝阳区麦子店街 18 号楼
邮编：100125
策划编辑：周晓艳　王森鹤
责任编辑：周晓艳
数字编辑：李沂航
版式设计：杜　然　责任校对：吴丽婷
印刷：北京通州皇家印刷厂
版次：2021 年 6 月第 1 版
印次：2021 年 6 月北京第 1 次印刷
发行：新华书店北京发行所
开本：700mm×1000mm　1/16
印张：7.5
字数：120 千字
定价：40.00 元